U0155841

跟着节气过生活

半夏　武善金　著

江苏凤凰科学技术出版社
国家一级出版社　全国百佳图书出版单位
· 南京 ·

图书在版编目 (CIP) 数据

跟着节气过生活 / 半夏, 武善金著. — 南京 : 江苏凤凰科学技术出版社, 2021.8（2024.6重印）

ISBN 978-7-5713-1761-4

Ⅰ.①跟… Ⅱ.①半… ②武… Ⅲ.①二十四节气—关系—生活 Ⅳ.①P462②C913.3

中国版本图书馆CIP数据核字(2021)第013106号

跟着节气过生活

著　　　者	半　夏　武善金	
插　　　画	莉　香	
摄　　　影	老　唐　川　川　云中君	
责 任 编 辑	李莹肖　钱新艳	
营 销 编 辑	潘文雪	
责 任 校 对	仲　敏	
责 任 监 制	刘文洋	

出 版 发 行	江苏凤凰科学技术出版社
出版社地址	南京市湖南路1号A楼，邮编：210009
出版社网址	http://www.pspress.cn
印　　　刷	合肥精艺印刷有限公司

开　　　本	880mm×1240 mm　1/32
印　　　张	9
字　　　数	100 000
版　　　次	2021年8月第1版
印　　　次	2024年6月第6次印刷

标 准 书 号	ISBN 978-7-5713-1761-4
定　　　价	58.00元

图书如有印装质量问题，可随时向我社印务部调换。

推荐序 那些在时光线上打下的结

前年入春，买了一盆有趣的植物——南非龟甲龙。它的底部有一层硬壳，菱形块状花纹，就像乌龟的壳。壳上裂开一个小口，生长出细细的茎叶，叶片和坚硬的壳形态相反，柔软地展开成一片片的桃心。

说它有趣，是因为它与多数植物的生长节奏相反，因为原生地在非洲，当地夏季干燥、冬季湿润，它便夏季落叶，秋季开始长出新绿。初次看到龟甲龙是在冬天，它泛着嫩嫩的绿色。再见到则是初春，当所有的植物都在抽出新芽时，它只剩下了苍劲的枝干。

朋友笑我，在最好看的时候不要，偏要捧着它干枯的样子回家。但是在我看来，它本身就透着美，这种美是内在的生长节奏所带来的。就和乐曲一样，有着自己的韵律——有序、有力量。

亚里士多德说，他相信世间存在着一套"自然秩序"，在这套自然秩序中，万物都有自己的目的。

在中国人的生活哲学里，也有自己的自然秩序——二十四节气。自然的节奏指导着古人的农耕劳动、养生理念和休闲方式，传承了数千年。但是现代社会的发展，快节奏的生活，似乎让我们忽视了这种秩序。或许，我们得到了自由，少了"一定要做一些事情"的束缚，却多了一种无所依的茫然。而且，我们的身体也知道答案，当我们任性地违背了自然秩序时，我们会陷入一种疲劳的、没有活力的状态。

在瞬息万变的生活中，请珍惜这特别的二十四节气，聆听它的韵律，跟着它的节奏来过生活，用特定的仪式和食物，在时光线上打下结。让我们寻着印记摸回去，回味着，留恋着，在下一个周期里再打下相应的结。

就这样，循环往复，一期一会。因每一次的重逢所带来的熟悉感感到安心，又因每一年的不同而有所期待。

我们都有过这样的时刻，身心愉悦舒展，却不知如何来形容这份满足，只能说一句：这样的日子可真美好啊！这，就是半夏书中想和大家一起分享的顺应天时、回归自然的生活美学。

刘梓伊
少点盐创始人

自序 那些节气教会我的事

大家好，我是半夏，生活在成都。

爱上买花，不过是这几年的事情。每周我都会抽一天时间，散步到附近的花店。

花店总是很热闹，是那种生机勃勃的热闹。春天的芍药，夏天的栀子，秋天的菊桂，冬天的蜡梅……每个季节最好的光阴，都浓缩在了花里，它们毫不顾忌地展露着娇艳。

捧着花一路走回家，剪枝，蓄水，插瓶。看着花儿静默地绽放，又慢慢地凋谢——难得在城市里以这样的方式，触摸到大自然从身边流过的痕迹。

之所以说"难得"，是因为和古人的生活相比，现在我们已经距离大自然很远了。人类从树上下来，离开了洞穴，更换了茅屋，建起了城市，如今一天中的大部分时间都待在室内。现代设施让四季处在了恒定的状态——夏天感受不到炎热，冬天感受不到寒冷，大自然似乎和生活分割开来，成为一种非日常的存在。

慢慢地，我们的身体也开始变得迟钝。其实，我们的身体是灵敏的气候仪，在我们还未把四季放入心里时，它已经诚实地做出反应：夏天，身体会像一棵小树一样向上成长，新陈代谢加快；到了冬天，它就会蓄力等待下一个生长时机。我们的身体，天生喜爱在自然的节奏下生活，有松有紧，有张有弛，体现出一种生生不息的状态。然而，如今这已然成了一种奢侈。所以，我和武老师决定联合写作《跟着节气过生活》这本书。

顾名思义，这本书的文字来自我们在二十四节气里的日常生活，从立春开始落笔，一直到大寒结束。这些文字并非一气呵成，常常是迎来了某个节气，察觉到自然的痕迹，以及带给身体的细微变化后，才提笔记录下来。创作这样一本书，是想借由它将自然里的美好一点点铺展开来，为大家标注出每个节气应有的节奏点。剩下的，惟愿我们一起踩着节拍，把日子过得健康、过得有趣、过得有仪式感。

因此，这并非一本需要你抱着学习心态阅读的书，我更希望它像一位陪在你身边的好友，在某个季节、某个节气轻声叮嘱你要注意什么，该如何吃，适合做哪些事情，再把这些编织成一个个美好的仪式，帮助你在不知不觉间呵护自己的身体。

就像我很喜欢的明代养生学家高濂，他跟着四季，从衣食住行等方面事无巨细地列举了许多养生方法和讲究之处，著成了厚厚的一部《遵生八笺》。他对于生活，尽是认真和看重。

只有把自己交给自己，好好对待珍贵的自己，专注生命中只此一次的每一刻，才有花好月圆的世界吧。

愿你在这些文字中有所得。

半夏

目录

夏

秋

冬

春天代表着生机。生，是指生长。机通"积"，有数量累积之意，是从量变到质变的关键点。春天就像开启生命的一个开关，经过了一整年的轮回，万物终于孕育了足够的气力，在此时破土而发。

而我们，也顺顺当当地跟着这股生机，从头开始精进长大。

立春

"立"是开始，按照历书上的说法，从这一天起，就进入春天了。秋收冬藏，大雪倾城，都成了过去。一切都是新的开始——新天地，新希望。

北方的春，要来得晚一些。这一时节，草木枯瘦，冰雪未消，迎面吹来的风仍旧透着不近人情的寒意。眼前的这一切，分明还有冬天的风骨。但是没关系，只要日历翻到了"立春"，春色便会一点点往外冒，天地万物开始显出轻盈、明亮的颜色来，空气中也会充斥着草木清新的味道。所以"立春"最美好的地方，大概就是它唤醒了每个人心里的那份期待吧。

京中正月七日立春

唐·罗隐

一二三四五六七，万木生芽是今日。

远天归雁拂云飞，近水游鱼迸冰出。

立春

绿叶、阳光、轻柔的风
一起组成了春天

阳气开始生发了

《黄帝内经》里说:"春三月,此为发陈。""发陈"就是推陈出新的意思,立春作为一年的起始,从这天开始,阳气会蓬勃生发,将堆积在体内一整个冬天的寒气、浊气统统顶出体外。

在春天,想要好好地生发阳气,主要靠养肝。因为肝主疏泄,掌握着全身气机的升降,能够带动封藏已久的阳气从体内深处钻出,再慢慢地遍布全身,滋养五脏六腑。

说到这里,先别急着为自己准备补肝的食物,因为立春一般在春节前后,此时肝气旺盛,完全不必大补。春节餐桌上的牛羊肉,油炸、烘烤类的食物,以及饮用的酒,都是偏温热的,它们可以滋补身体,也可助长肝气的生发。再加上春节期间大家熬夜多,尤其要注意早起头疼、口腔上火、脸上冒痘痘这类问题。

此时最应该做的,就是在保证阳气生发的前提下,维持肝气的平衡。在丰富的餐食补给下,学会把旺盛得过了头的肝气稍微收敛一下,维持在刚刚好的状态,以更好地带动阳气的生发。

想开了
想开了

可爱的绿意在一点点生发

一碗东坡羹，唤醒体内沉眠的阳气

古人很讲究在立春时吃些新鲜蔬菜，而且大多是植物的嫩芽。因为它们的生发之力是最足的，可以带动体内阳气向外生发。

现在很多地方在立春时节会吃春饼，用的食材就是春日里刚刚长出的辛味蔬菜，比如葱、蒜、韭菜等，人们希望借助它们生发的力量，把沉积在体内的浊气排出，将封藏了整个冬天的阳气唤醒。

东坡羹，就是用时鲜的蔬菜搭配白萝卜、白菜，用米汤勾芡熬煮而成的。虽说简单，但苏轼在《东坡羹颂》里就特别称赞它"不用鱼肉五味，有自然之甘"，即无须各种肉食，味道就已足够鲜美。对于春节期间常常大快朵颐的我们而言，这份鲜美的羹汤能好好调节我们的胃口。

东坡羹中的时鲜蔬菜，我选择了春日里很有特色的两种——茼蒿和豆芽。比起春饼选用的辛味蔬菜来说，它们更加温和，在生发阳气的同时，也可以防止肝气生发过旺，以致阳气生发过了头。

茼蒿是一种很常见的蔬菜，它性平味甘，人人都可以吃，而且可以常吃。

茼蒿有股清新的香气，古人称之为"蒿之清气、菊之甘香"。这股春天的气息，能够行肝气、清湿热、消食化滞。不管是这段时间在家里窝得太久导致肝火旺盛，还是吃得太油腻以致消化不好，都可以适当地吃一些茼蒿来调理。

至于豆芽，它的生命力特别旺盛。小小的一颗豆子，在合适的温度下，就可以冒出尖飞快地成长。这股生命力可以滋养我们的身体，将我们体内陈积的垃圾发散出去。

我一般会选用黄豆芽，它相对于绿豆芽性味更平和，不仅能解大鱼大肉的油腻，还能呵护脾胃，避免脾胃被过旺的肝气伤到。

东坡羹里的萝卜、白菜都是可预防上火的食材，它们特别擅长清理体内淤积的废物。如果春节期间吃得多了些，就可以用它们来还身体一份清静，不容易生"内火"。

烹制东坡羹最后有个很重要的工序，就是用米汤勾芡。米汤又叫米油，是煮粥时最上面的那层稠稠的液体，它的补气能力特别强，早上喝一些能让人很快打起精神。我们可以在煮粥时留下一些米汤，用于勾芡。

东坡羹

茼蒿 .... 3 根

黄豆芽 .... 1 小把

白菜 .... 3 个叶片

白萝卜 .... 1/3 根

米汤 .... 少许

生姜 .... 少许

做法

01 依次将茼蒿、黄豆芽、白菜、白萝卜洗净和切碎。

02 锅内倒入清水，放少许生姜调味，然后将白菜和白萝卜下锅炖煮，直到水烧开。

03 将茼蒿、黄豆芽倒入锅内，大火烧开。

04 将米汤倒入勾芡，转小火煮 15 分钟即可。

不用鱼肉五味，有自然之甘

　　刚煮好的东坡羹，最先飘出的就是茼蒿
的清香，钻进鼻子里真的非常解腻。再一口
喝下去，茼蒿的清香混合着米汤的甘甜滋味，
淡淡地滋养着口舌，脾胃也觉得特别舒坦，
让人忍不住想再喝一碗。

古人的立春，是这样过的

"一年之计在于春"，立春是二十四节气之首，古人一向把它视为一个重大的节日。在这天，皇帝会带着文武百官到都城之东的田野上迎春，祭祀春之神，无比隆重。

相较而言，普通人家的热闹更为真实。他们会簪春花、办春宴、吃春饼……即使不能出门，也要在家里摆上清茶、甜酒，燃起线香，等到立春的时刻一到，放起一挂长长的鞭炮。

立春既是节日，也是阳气从收藏转为展发的关键阶段。古人在立春这段时间，会做很多事情来养护身体。

游园远眺

《遵生八笺》曰："春日融和，当眺园林亭阁虚敞之处，用摅滞怀，以畅生气，不可兀坐以生他郁。"

春日天气暖和，应当去园林亭台这些宽敞的地方远眺，看看美丽的风景，让胸中堆积的郁气舒畅开来。不宜一直坐着不动，这样容易产生郁闷之气。

出门带着夹衣

《遵生八笺》曰："天气寒暄不一，不可顿去棉衣。老人气弱，骨疏体怯，风冷易伤腠理。时备夹衣，遇暖易之，一重渐减一重，不可暴去。"

初春的时候，天气多变，总是忽冷忽热，不能早早脱掉厚衣服。特别是老年人，体质虚弱，吹风之后，寒气很容易从毛孔进入，伤了身体。所以出门后需要时刻带着外套，天气暖和了就减一件，冷了就穿上，不能一下子把厚衣服都脱了。

早晨梳头一二百下

《养生论》曰："春三月，每朝梳头一二百下，寿自高。"

入春之后，随着天气越来越暖和，阳气开始萌发。春天多梳头，可以帮助宣泄瘀滞，疏利气血，通达阳气。每天早晨起床以后，梳头 100~200 下，有助于福寿绵长。

我心里一直固执地认为，立春才是一年真正的起点。那些曾经所以为的荒芜、干瘪在过去的憧憬和希望，又会像破土而出的草木一样，重新变得饱满起来。

雨水

（贰）

在雨水这天，即使没有碰上下雨天，只要打开窗户，也能闻到空气里那股湿润的味道。

《月令七十二候集解》里说："春始属木，然生木者必水也，故立春后继之雨水。"春属木，唯有水能滋养木，雨水落下，草木才能真正冒出尖来。新一年的轮回就在绿意的萌动中开始了。这股萌动很容易被捕捉到——小粒小粒的绿芽，包含着最鲜嫩的春色，趁人们不备时，就悄悄地爬上了树梢。

早春呈水部张十八员外

唐·韩愈

天街小雨润如酥，草色遥看近却无。

最是一年春好处，绝胜烟柳满皇都。

雨水

雨水来了
心底也生出了春意

是时候给身体『解解冻』了

此时，虽说空气中还残留着些许寒意，但身体已经感知到这份暖意的递增，气血变得活跃，手脚也渐渐暖和起来，就好像冰封的大地一样，开始了"解冻"的过程。

其实，只要仔细观察，我们就会发现，大自然已经在提示温度的变化了。古人认为，从雨水开始，天空中飘落的就不再是雪花，而是淅淅沥沥的水珠，水面也结不起冰来了。

这种温度的递增会持续一段时间，最开始是院子里的花草树木挨个儿地冒出尖儿，慢慢地，等到 15 天后的惊蛰，小动物们便会纷纷钻出地面。

雨水在春节之后不久，因为节日里吃得太多太杂，人的脾胃一时间消化不了，很容易在体内堆积成湿热、瘀滞，阻碍气血的顺畅运行。再加上春天一到，阳气开始生发，我们体内堆积的陈寒也会顺势被顶出来。而气血在流通过程中，遇到身体内的寒气，便容易受到阻碍。本身寒气就比较重的人，如果阳气生发得不够顺畅，就会影响肺气和胃气，出现咳嗽、消化不良的情况。

雨水时节最需要做的，就是顺应大自然变暖的过程，慢慢地化解掉我们体内的瘀滞、寒气，让气血流通起来，给身体"解解冻"。

　　此时，可以适当吃一些能够化解瘀滞的温性食物，这样身体就会自然而然地补足能量，恢复阴阳平衡的状态。

一碗雨水甜汤，让气血通畅起来

雨水甜汤所用的材料，都是我们平日里经常吃到的白萝卜、陈皮和红薯，它们能够清理食物遗留在我们体内的浊气、湿气，打理好肠胃运化的环境。这道甜汤可以消食理气，很适合前段时间吃得太杂，胃火往上冒，出现胃胀气、反酸的朋友。

白萝卜这种食材，妙就妙在非常擅长"通"身体。道家把它列为"上清四秘"之一，强调的便是它通气的本事。白萝卜特别适合煮熟了吃，清代王士维在《随息居饮食谱》中说它"下气和中，补脾运食"。经过温火熬煮，白萝卜通气的本事转而向下，能够一口气向下除掉我们体内堆积的湿气、浊气。

中医认为"气行则血行"，而陈皮的香气能够消除气滞，相当于将我们体内的一潭死水变成了活水。它配合白萝卜一起食用，能将体内堆积的浊湿通通冲刷掉。

保持清透

最后是红薯，它主要负责将脾胃的运化能力恢复正常。红薯长在土地的深处，承接的"土气"较为厚重，所以滋养脾胃的效果很好。它还能补虚乏、益气力、强肾阴，多食用可以使人"长寿少疾"。

大自然时刻都在提醒注意我们温度的变化

雨水甜汤

材料

白萝卜..................半根

陈皮....................1 块

红薯....................1 根

做法

01 将白萝卜洗净，切成小块备用；将红薯洗净切成小块，浸于水中，多换几次水以洗掉表面的淀粉，可使汤色更清亮。

02 烧一锅开水，放入陈皮，大火煮 5 分钟左右。

03 待汤色微微变黄，将白萝卜投入锅中，大火烧开后，中火煮 10 分钟左右。

04 放入红薯，煮到红薯变得绵软即可。

属于谷雨时节的清甜味道

　　这碗汤的味道是淡淡的清甜味，不需要添加盐，稍微喝一口，滋味就已经足够醉人心脾。我一般都是先喝口汤再吃几口白萝卜，红薯的甜香已经融入汤中，让此汤变得足够可口。

古人的雨水，是这样过的

雨水过后，万物萌动，地里的草木大多都冒芽了，日子也真正忙碌起来了。古人在这段时间，也会做很多调整身心状态的事情。

赏花灯

雨水和元宵节挨得很近，到了元宵节这天，不管是皇宫里，还是民间的街道上，都会竖起高大的灯楼、灯树，就像卢照邻诗里所说的"接汉疑星落，依楼似月悬"。灯市璀璨华美，洋溢着浓重的喜悦与希冀，映照着每年第一次的月圆之夜。

灯市中的伊人，在水一方

披头散发，大步慢走

《黄帝内经·四气调神大论篇》云："春三月，此谓发陈，天地俱生，万物以荣，夜卧早起，广步于庭，被发缓形。"

这一段话算是春天的最佳生活方式指南了。春天最好的养生方法就是放松身体，我们可以披散着头发，穿着宽松的衣服，在户外大步慢走。这样有助于身体舒发肝气，借着大地生发出的清阳之气，驱散浊气，补充阳气。

吃祛痰的食物

《遵生八笺》曰："风劳之疾每起于痰，人能先令痰有疏导，则病可庶几。"

雨水时节要注意祛痰。这段时间要提防"倒春寒"，天气可能会突然变得很冷，人受了风邪之后会先起痰，此时如果能吃一些祛痰的食物对身体进行疏导，就能大为缓解。

雨水过后，就是大地回春的时候了。草木萌芽、长高，盎然地酝酿着春意。外出踏春时，春意好像也会染上身来，跟着你一路慢慢回家。

惊蛰

惊蛰,最早叫"启蛰"。为避汉景帝刘启的名讳,被改为惊蛰。后人对惊蛰的解读,往往是说,隆隆的雷声惊醒了在冬天藏起来睡觉的小动物们。一个"惊"字,体现了生命对瞬间变化感到的惊讶。但事实上,真正唤醒冬眠动物的,并不是有声的惊雷,而是无声的温度。温暖往往比雷霆更有力量,可以让天地自然流淌出明亮、浓郁的春色。

古人很少通过繁琐的测算方式来计算春天到来的时刻。春天是否来临,无须用数字量化,通过"鸟语花香"等鲜活的物象就可以判断。惊蛰之后,紧跟的是一派融融春光——桃花红,梨花白,草长莺飞……或许这就是更生动、更鲜活的气候标准吧。

拟古·其三

晋·陶渊明

仲春遘时雨,始雷发东隅。

众蛰各潜骇,草木纵横舒。

翩翩新来燕,双双入我庐。

先巢故尚在,相将还旧居。

自从分别来,门庭日荒芜。

我心固匪石,君情定何如?

惊蛰

惊雷叫醒了虫子
春天叫醒了你

惊蛰是生长力最旺的时候

春天来临后，冬藏了许久的阳气终于开始生发，将原本躲在我们身体深处的寒邪、瘀滞、风邪等陈疾顶出体外。它由内而外地开始发散，也使新鲜、轻盈的能量在体内生机勃勃地生长，使整个人焕发出新的光彩。

惊蛰正是整个春天生长力最旺盛的时节。古人说："惊蛰地气通。"所谓"地气"，是指初春时节的清新之气，这股气是往上走的。农人很重视在惊蛰的时候播种，这样长出来的植物生命力会特别旺盛。同样，人也是如此。到了惊蛰时节，人体内的阳气会比之前更加快速地生发，就好像在身体里播下了一颗种子，待气温升高之后，阳气同雨水一起将之滋润，它便迅速地发芽生长。

此时，我们要做的就是顺着这股生长力，将体内那些陈疾宿毒彻底发出来，并将之清除。入春之后，有些人经常会咳嗽、感冒、发烧，其实这就是身体给出的小信号：惊蛰不仅让植物茁壮成长，也使病毒活跃了起来。此刻应抓住机会，将病邪都发陈出来，为体内的阳气腾出位置，使之自由地生发壮大。

枝芽迎着春风，蓬勃生长

取种子生发的力量，煮一碗五谷露

要说充满生发之气的食物，除了种子，我实在想不出来还有其他更好的。种子是植物的胚芽，所含的生发之力最强。一粒小小的种子埋入田地中，能破土而出，经阳光沐浴、雨露洗礼，慢慢长成一棵大树，结出无数果实，为小动物们提供食物。因此，种子得天地生发之力，饱含着充足的元气。惊蛰时多吃一些种子，可以借助它们的生发力，鼓动我们体内的生机，更快地帮助身体发陈。

从惊蛰开始，我每天早晨会给自己煮一碗五谷露。五谷露里有各种谷物，饱含清爽的谷油，再加入一点点冰糖，口感微甜，伴随着谷物甘淡自然的香味扑面而来。从春节到元宵节，我们往往吃了太多的大鱼大肉，突然喝到这样一口真实自然的谷物滋味，会感觉脾胃特别舒坦。

五谷露里的小米、糙米、花生、荞麦和燕麦，都是生发力很强大的种子。因为性味温和，所以任何体质的女性，包括孕妇在内，都可以放心食用。

小米是在贫瘠的土地上也能生长的种子，所以生发力特别强，得土气也最厚，故而最养脾胃。不管是病后、产后特别虚弱的人，还是日常想要调理身体的人，都可以多吃点小米。

糙米是指脱壳后仍保留皮层和胚的米，中医认为糙米性温，能健脾养胃、调和五脏，促进消化吸收。

花生生吃可以下痰，煮熟之后吃能开胃醒脾助。总是干咳的朋友，可以吃点花生，还能帮助身体润燥下火。

荞麦和燕麦都属于麦类食物。宋朝的《云笈七签》中说："春气温，宜食麦以凉之，不可一于温也。"意思是说，春天气温高，应当食用麦类食物以清热，不能只吃性温的食物。

最后还要搭配一些藕粉。藕粉除了有养护脾胃的功效，还能让这碗小甜羹吃起来更有露的口感。

五谷露

小米 .... 1 小把

糙米 .... 1 小把

花生 .... 1 小把

荞麦 .... 1 小把

燕麦 .... 1 小把

藕粉 .... 2 勺

冰糖 .... 少许

做法

01　把小米、糙米、花生、荞麦、燕麦混合洗净后，加水放入锅中煮开，转小火再煮 15 分钟左右。

02　连汤带米一起倒入料理机里，加入冰糖，打碎成汤后，倒入碗中。

03　将藕粉用冷水化开，然后倒入碗中搅拌均匀即可。

五谷得天地生发之力，饱含着充足的元气

　　家里没有料理机的朋友，也可以不打碎，直接喝，但口感就没有五谷露那么顺滑了。我喜欢把五谷露放在早上喝，因为一觉醒来，胃里空空的，此时喝下这一碗自然风味，身体会感觉立马元气满满。

古人的惊蛰，是这样过的

惊蛰时节，草木萌动，万物承受了雨露恩泽，渐次苏醒。此时最适合出门踏青、散步，让体内的木气得以生发。古人在惊蛰这天，自然也不会窝在家里，会做一些有趣的事情来调节身心。

门槛撒石灰

《千金月令》曰："惊蛰日，取石灰糁门限外，可绝虫蚁。"

惊蛰时节，小动物从冬眠中苏醒，随着气温转暖，各种蚊虫也会出现。古人会在惊蛰这天拿石灰洒在门槛上，以此驱赶虫蚁。相较而言，我更喜欢在惊蛰这天点一支艾草线香或艾条，熏熏家中四角，来驱散霉味、赶走蚊虫。

烟缓缓升起，香悠悠散开

晒后背壮阳气

《老老恒言》曰:"如值日晴风定,就南窗下,背日光而坐,《列子》所谓'负日之暄'也。脊梁得有微暖,能使遍体和畅。日为太阳之精,其光壮人阳气,极为补益。"

如果是风不大的晴天,可以坐在窗边,背对着日光而坐,晒晒太阳。人体的后背有膀胱经和督脉,经过阳光的照射后变得暖暖的,经络就会畅通,有助于阳气生发。

惊蛰吃梨,化痰止咳

在惊蛰这一天,很多地方有吃梨的风俗。此时万物复苏,各种病毒也蠢蠢欲动,很多人会出现感冒、咳嗽等症状。炖一只梨吃,可以润肺生津,有止咳的功效。不过我要提醒大家一下,如果咳嗽时有痰的话,就不适合吃梨了,得用梨皮煮水喝。这样不仅不会生湿,还能很好地止咳化痰。

与"惊蛰"相比,我更喜欢"启蛰"这个古老的名字,它仿佛在说,这一天是春天的一场启幕。到了这一天,不管是南方还是北方,到处都是温暖的春日气息。李叔同说:"华枝春满,天心月圆。"私以为,此时就是一年中最美好的时刻了吧。

春分

一个"分"字，把春天分成了两半，一半寒，一半暖。这一天，春气就好像一瓶微醺的淡粉色香槟，"砰"的一声，再也按捺不住，从瓶口一下子全部钻了出来。春分之后，天气会变得越来越暖和，到处都是浓得化不开的春意。

即使不出门，透过窗户也能看到：之前还是零零星星的一些绿意，逐渐被粉红的花苞占满，像是给春天涂上了一层胭脂。

春分就像敞开了怀抱的仙子，让万物褪去干枯的外衣，变得明亮、润泽。身处其中，目之所及都是簇新的。是时候重新开始，找回好好生活的节奏了。

春日田家

清·宋琬

野田黄雀自为群，山叟相过话旧闻。

夜半饭牛呼妇起，明朝种树是春分。

春分

叮
请接收此刻最浓郁的春天

请注意逐渐旺盛的肝火

春分这段时间，人的气血开始向外走，肝火也连带着一起发了起来。

春分时节气温渐渐回暖，天地间的生气很足，植物会抓紧时间在此刻好好生长。你可以观察到，街道上最嫩的绿都在呼呼冒头，树梢一天一个变化。

气血也感知到了温度的变化，认为不会再有寒冷的天气伤及脏腑，便从体内慢慢往外发散，想要走到皮肤上来。

这一过程中，人体里原本有的很多瘀堵，都能借着气血的力量疏通开来。所以经常感觉手脚冰凉或是身体乏力的女性，这段时间早上起床时会觉得轻松许多，并且有想要出去运动的欲望。

但还有一种情况，对于一些经常熬夜、长时间对着电脑的女性来说，本就肝血不足，气血往外走之后，肝少了血液的滋润，就像树没了水的浇灌，肝阳便会上亢，人也会跟着上火。

向内滋养

所以不少朋友在这段时间会出现：

●特别容易生气，遇到一点点小事都会
烦躁不已。

●吃一点性温或者补气血的食物，比如
桂圆、红枣等，就会上火，出现牙龈红肿、喉
咙痛等情况。

●容易头痛，特别是经期的时候，还会
伴有乳房胀痛的症状。

●肋骨或者胸口会感到胀痛。

●脸上长痘痘，嘴角发红或者起小泡。

●睡眠质量比较差，夜里两三点钟容易
惊醒。

以上情况你只要符合 1 条，就说明你有
一些轻微上火的情况。

此时最需要做的就是清理一下肝火——
先让身体回到清透的状态，再来调养肝血。

先清后补，让身体有余地去接受和吸收
滋补的东西，才能回到一种比较舒适的状态。

喝一杯栀子舒肝饮，护脾清肝火

说到清理肝火，很多人的第一反应是，清肝火是不是就要吃一些寒凉食物，担心这样会伤了脾胃。火主升，有向上的特点。中医讲肝火上炎，当我们体内肝火过旺的时候，大部分的症状都集中在上半身。

因此，很多人会出现上焦一片上火的情况，但中焦脾胃却是寒凉的，稍微吃点生冷的食物，便容易拉肚子。

此时我推荐大家喝一杯栀子舒肝饮，由栀子、蒲公英根、茯苓、麦芽、玫瑰、佛手、桔梗、紫苏制成。这款茶饮能在呵护脾胃的基础上，帮助人体轻柔地化解肝火。

栀子、蒲公英根都是清肝火的。《得配本草》在讲栀子时说："盖肝喜散，遏之则劲，宜用栀子以清其气，气清火亦清。"栀子特别擅长处理肝气郁结化火的情况，火气清了，肝气也会慢慢地平息下来。

蒲公英根也能清肝火，它的效力可以直达乳房。在中医看来，乳头属肝，乳房属胃，蒲公英根能直通肝经和胃经，对乳腺增生、乳房胀痛有很好的缓解作用。

这款茶方里的茯苓和麦芽是健脾的，能在清热的同时守护好脾胃。

茯苓的生长方式很特别：农人会先把茯苓菌种抹在松木段的两端，埋在土中，不久后就会长出茯苓。脾属土，而茯苓是深埋于泥土里生长出来的，吸收了满满的"土气"，因而很补脾气。

麦芽可以消食，它和茯苓搭配在一起，能增强健脾的功效。《医学衷中参西录》记载："大麦芽，能入脾胃，消化一切饮食积聚，为补助脾胃之辅佐品。"请注意：在挑选的时候，一定要选择炒麦芽，原因是炒过的麦芽健脾的作用会更强一些。

玫瑰和佛手是疏肝理气的。《本草再新》说玫瑰能"舒肝胆之郁气"，对于疏散肝经上郁结的气机特别管用。光是嗅到玫瑰花的香味，都能让人心情舒畅不少。

与佛手搭配，能增强整个茶方疏肝的作用。佛手的香气与柑橘类似，但是比柑橘的香味更加清透、持久。不管是拿来闻，还是直接泡茶喝，都有助于打通身体气机，让全身都变得轻盈起来。

桔梗和紫苏都有宣发的作用。它们合起来就像铺了一条输送带，能把药效传送到身体不舒服的地方，并将气机疏通。

栀子舒肝饮

栀子.....................1.5 克

蒲公英根.............1.5 克

茯苓.....................3 克

麦芽.....................3 克

玫瑰.....................3 克

佛手.....................3 克

桔梗.....................3 克

紫苏.....................3 克

做法

01 将所有材料稍微清洗后，放入壶中。

02 往壶中倒入适量的纯净水，煮沸后关火，让材料的药性充分析出。

小贴士：如果肝火过旺，可以把栀子和蒲公英根调整为 3 克。另外，产自山东平阴的玫瑰品质很好，花大瓣厚，香味浓郁。

栀子舒肝饮的香味沁人心脾

等到茶水的温度变得适宜，就可以饮用了。栀子舒肝饮的味道比较清淡，刚开始入口的时候，是玫瑰的清甜，混合着麦芽饱满的谷物滋味。咽下去之后，紫苏清爽的滋味才会在口中绽开，让上火的身体得到清润的抚慰。

拍拍这两个穴位，散去体内肝火

中医有一种通过拍打刺激穴位的方法，以疏通身体的经络，加速这个部位的气血运行。此时我推荐大家拍打两个穴位——章门穴和大包穴。

章门，意思是出入的门户。肝经里运行的气会在这个穴位停留，所以叫作章门穴。拍打这个穴位，可以很好地疏散郁结的肝气。

大包穴是脾经上的一个穴位。"大"是说这个穴位气血涉及的范围大，"包"则是包裹的意思。

大包穴总统全身大络，经常拍打大包穴，除了能够直接刺激脾经之外，也能让全身的经络得到疏通。

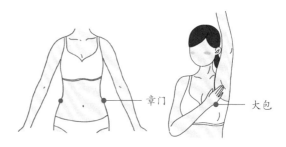

拍打章门穴和大包穴可以加快气血运行

那么，如何拍打这两个穴位呢？

拍打的方式很简单：这两个穴位在我们的身体左右各有一对，可以用左手轻轻地拍打右边的穴位，拍打5~10下后，再换用右手拍打左边的穴位5~10下，交替拍打到皮肤微微发红、有些发热即可。

交替拍打，直到皮肤微微发红、有些发热

古人的春分，是这样过的

春分过后，大自然慢慢变得娇美起来。此时走在路上，万物皆是一副朝气蓬勃的样子。古人会在春分时节调整作息，再做一些雅致之事，让心情舒畅。

晚睡早起

《云笈七签》曰："春正二月，宜夜卧早起。"

春分过后，白天的时间会渐渐地比夜晚长，所以可以稍微晚一点睡觉，早一点起床，跟着春天的舒张之气去调整作息时间，让整个人的精神处于舒展、活泼的状态。

春吃花，疏肝理气

春分正值百花盛放之时，古人一直有"春吃花"的习俗，《隋唐佳话录》就曾记载武则天在春游之后，号令宫女采百花做"百花糕"，邀请百官食用。懂吃的古人明白，花朵的芳香能打开人体气的通道，帮助身体疏肝理气。或许现代人不方便去采摘花朵做小食，但可以在午后泡一壶花茶以代之，来享受这个美好的时节。

春分竖蛋

《春秋繁露》曰："春分者，阴阳相半也，故昼夜均而寒暑平。"

春分这一天，白天和黑夜一样长，此时正好达到一种阴阳相半的状态。所以古人会在春分这天竖蛋，借助天地间平衡的阴阳之气来保持鸡蛋的平衡。

春分竖蛋

春天的花儿开了，意味着大自然又开始了一场隆重的演出。不管是拍照也好，坐下来和百花待在一起放空也好，比起匆匆而过的赏花期，我更享受这样与花相伴的日子，让我有足够的时间接收这份春天的问候。

清明

伍

　　我很喜欢"清明"这两个字，仿佛让它们在唇齿间缠绵一下，就有了清朗明净的感觉。

　　《岁时百问》里说："万物生长此时，皆清洁而明净。故谓之清明。"从清明开始的 15 天里，天地一片明洁。不管是阳光、空气，还是流水，一切都是干干净净的，可以说是一年中最为舒适的节气之一了。

　　我们的身体在这段时间浸染了天地间的清新之气后，浊气就会自然排出。比如眼睛会恢复清澈，浮躁的情绪会渐渐变得安宁，说话的声音也会温柔许多。我想，古人之所以约定在清明这一天悼念亲人，大概是因为在如此清净的环境下，人的心也变得清净、明智吧。

清明

唐·杜牧

清明时节雨纷纷，路上行人欲断魂。

借问酒家何处有？牧童遥指杏花村。

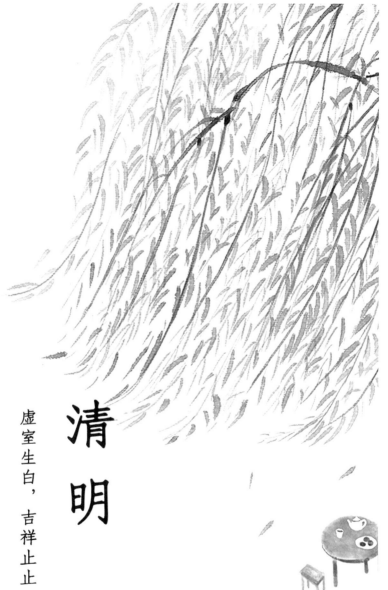

清明

虚室生白，吉祥止止

跟随清明之气，为身体升清降浊

清明时节，大自然中充盈着清新之气。此时如果身体有一点点的瘀堵或者不爽快，我们都会敏锐地感知到。不妨趁着这个机会，为身体升清降浊，做一次"大扫除"。

如果身体是一片田野，那么升清降浊就是施肥、松土的过程。我们每天所吃食物中的营养，经由脾胃吸收后，会先向上输入心肺，然后通过血液循环散布到全身。因而，所谓"升清"，就像给草木施肥，为人体不断提供能量；"降浊"则是说，身体会把不需要的毒素和垃圾排出体外。这就像是给大地松土，清除掉那些乱糟糟的杂草，让身体回归清净的状态。

如果人体的升清降浊做得不好，是可以被直接看出来的。清气升不上去，身体的能量不够，整个人看起来就昏昏沉沉，没有精神；而浊气降不下去，垃圾在身体里堆得过多，脸上就容易冒油、起痘或者小肚子突出等。

觉得自己升清降浊做得不好的朋友，这个时候可以给自己泡一杯茶。

清明是最适合喝茶的节气了，此时采制的茶叶里包含着很多清气。

茶的味道很特别，香、甘、苦、淡、涩都有，而且每一种味道都不突出，保持着一种天然的平衡。所以古人认为茶是"中和"的，不会把人体的功能引上偏路。陆羽在《茶经》里讲，茶"均五行，去百疾"，正是其"阴阳调和"的体现。因此，茶是很难得的可以长期喝的一味饮品。

清明喝茶，可以选绿茶或黄茶。茶鲜叶内的物质尚未经过深发酵的转换，故而清身醒神的功效会更明显一些。不过，绿茶偏寒凉，脾胃虚弱者不宜常饮，最好能搭配一些温性材料。黄茶经过轻微发酵，相比绿茶会更温和一些。因此，我会用黄茶搭配一点茉莉花和陈皮来喝。

清明喝茶，可以选绿茶或黄茶

一杯清明茶，让身体恢复干净明洁的状态

茉莉花的香气是清香，会往上透出。有些香气浓郁的花朵，闻了之后会觉得有点闷闷的，不清爽。但茉莉花就不一样了，它的香气会给人带来清亮的感觉，可以帮助脾气上升。脾气疏通了，身体自然会受到滋润。

陈皮性质温和，有理气健脾的作用。它能够为脾提供动力，让脾更好地工作。

关于泡茶的方式，有一点需要注意。明代朱权在《茶谱》中说："凡欲点茶，先须熁盏。盏冷则茶沉，茶少则云脚散，汤多则粥面聚。"古人认为，在点茶前需要把茶盏烤热。同理，在泡茶前，可以先用滚烫的热水烫一下茶杯。这样做能激发茶香，更容易泡开茶叶。

泡一壶茶，享受周末的午后时光

材料

黄茶 .... 3~5 克

茉莉花 .... 3 克

陈皮 .... 1 块

做法

01 选用一些鲜嫩的黄茶放入茶杯中，倒入一半的热水。

02 加入茉莉花、陈皮，待花蕾能够自然地在杯内绽放 30 秒后，陈皮的香气就会和茉莉花的香气融合在一起。

03 添加刚煮沸的热水，到茶杯七分满的位置。

茶的味道蕴含着天然的平衡

二十四节气里，兼具节气和节日双重意义的，只有清明。它本身融汇了两个古老的节日：一个是寒食节，一个是上巳节。古人在清明这天，上至王公贵族，下至平民百姓，都被准许出游，人人都可以享受这无尽的春光。

吃百合好处多

《真诰》曰："是月取百合根晒干，捣为面服，能益人。"

百合味甘，春天很适合吃百合。它可以"并补虚羸"，有润肺止咳、清心安神的作用。

采荠菜花作灯杖

《琐碎录》曰："清明日日未出时，采荠菜花，候干作灯杖，可辟蚊蛾。"

春天正好是荠菜疯狂生长的季节，古人会在清明这天到野外采一点荠菜花，晒干搓成草柱。将其点燃后，熏一熏屋子，就不会被蚊蛾困扰了。不过，现代人可能没有那么多时间来做荠花香，不妨到菜市场买些荠菜吃。荠菜味甘性平，能帮助消解脾胃的火，清除胃肠的热。

放风筝去晦气

《淮南子》曰："春分后十五日，斗指乙，则清明风至。"

古人会在清明这段时间，出门迎着春风放风筝，希望能连带着放走晦气，消灾解难。

放风筝，连带着放走晦气

清明是一个到处开满鲜花、流淌着草木香的节气。它有着肃穆的意义，要扫墓、祭拜亲人；也有着快活的氛围，做好吃的青团，踏青嬉戏。通过一些简单的仪式，我们就能过个干净、喜乐的清明。

谷雨

古人说:"谷雨,谷得雨而生也。"这个时候落下的雨,对谷物来说是非常滋润的,有股"润物细无声"的温柔。谷雨如此不动声色、没有痕迹,实在很难让人感知到这是春天的最后一个节气。

实际上,那些关于春天的事儿已经渐渐散去,热热闹闹的夏天已经走到路上了:天气越来越暖和,街道两边树木的枝丫上,卷曲的树芽已经完全舒展,叶面的纹路也变得开阔起来……世间万物的未来都在变得明亮、舒展。

春中途中寄南巴崔使君

唐·周朴

旅人游汲汲,春气又融融。

农事蛙声里,归程草色中。

独惭出谷雨,未变暖天风。

子玉和予去,应怜恨不穷。

谷雨

萌者尽达

春天，明年见

谷雨，要注意补充肝血

到了谷雨，春天已经走过了最旺盛的时间段，肝气的生发也已经很足了。其生发的过程，虽然可以为身体带来充沛的能量，但也会加速消耗体内的肝血。

好比一锅开水，肝气是下面的火，肝血是锅里的水。如果大火一直燃烧，很容易把锅里的水蒸干，肝血也会越来越不足。

再加上入春之后，人体内的气血会顺应时节的变化，自然而然地朝体表走去。肝是藏血之脏，收藏着全身的血，当气血不断往外走的时候，就很容易出现肝血不足的情况：

● 睡眠质量差，总是在夜里 1~3 点醒来。

● 双目干涩，看东西变得模糊，眼睛有红血丝。

● 四肢迟钝，走起路来没什么力气，如同汽车缺少"润滑剂"一样。

● 女性的经期会变得紊乱，量少或者经期延长。

●指甲容易劈裂，脆薄而且没有光泽。

因而，此时最重要的事情，就是顺应时节给自己充盈肝血。

好在大自然已经感知到这样的变化，所以会在这段时间结出一种酸酸甜甜的小果子——桑葚。它可以说是春天里专为补肝血而生的水果了。

桑葚就是春天里专为补肝血而生的水果

桑葚陈皮膏：补血养阴

小时候我很喜欢吃桑葚，总是吃得一嘴乌黑，那颜色要好几天才能完全褪去，但因为好吃，所以每次桑葚成熟的时候，我都会蹲在家附近的桑树下，等着妈妈摘给我吃。可惜桑葚结果期短，一不留神就会错过，所以想要尝鲜的朋友，一定要在谷雨前后买来吃。

桑葚可谓是天生的补益果，《本草经疏》称它为"为凉血补血益阴之药"，除了可以为身体滋养肝血、柔和过旺的肝气之外，还可以补益肾脏、滋生肾水，是谷雨时节最适合吃的小果子。

桑葚属于补虚食材。在中医看来，在给身体补益的时候，还需要注意固护脾胃，搭配适量的健脾材料，帮助脾胃运化，让桑葚更充分地发挥作用。所以在谷雨时节，可以用桑葚搭配陈皮、玉竹，熬一锅桑葚陈皮膏。

陈皮可以理气健脾，让身体里的气运行通畅。

玉竹可以养阴，《本草正义》讲它"所治

皆燥热之病"，经常用来调养阴虚燥热，口干、口渴或不解渴的情况。玉竹配合桑葚，补养身体的效果可以加倍。但要注意，有痰湿的人要避免食用玉竹。

这样，脾胃没有了负担，自然而然就可以恢复运行，更好地接纳桑葚的补力。

向内滋养

桑葚陈皮膏

新鲜桑葚 .... 200 克

陈皮 .... 100 克

玉竹 .... 100 克

蜂蜜 .... 适量

做法

01 将新鲜桑葚、陈皮、玉竹洗净后放入锅中。

02 加水漫过材料，水烧开之后转小火慢熬大约 2.5 个小时。

03 将材料捞出来用纱布包裹住，过滤掉渣滓，沥水倒出来。

04 将过滤后的汁水倒入锅中继续煮，等到汁水变得浓稠时，不停地搅拌。

05 倒入蜂蜜，关火，搅拌均匀即可。

小贴士：桑葚、陈皮、玉竹按照 2 ：1 ：1 的比例搭配即可。

甜蜜蜜的桑葚陈皮膏

　　做好桑葚陈皮膏之后，可以用它来泡水
喝。在果酱微微的甜香与唇齿相遇的瞬间，
甜蜜被发酵，日子的美好也在面前铺展开来。

古人的谷雨，是这样过的

谷雨时节，万物长齐，大地郁郁葱葱。俗话说"心随自然"，古人在这时也会做许多事情，让心情放松下来，愉悦起来。

谷雨烹新茶

《养余月令》引《养生仁术》称："谷雨日，采茶炒藏，能治痰咳及疗百病。"

古人相信，喝了谷雨这天的茶，可以辟邪、清火、明目。所以谷雨这天，无论天气如何，南方茶区的人们都会去茶山采一些新茶回来喝。谷雨茶受气温影响，叶肥汁满，汤浓味厚，比明前茶要耐泡许多。

采摘牡丹花

宋代欧阳修在《洛阳牡丹记·花释名》中写道："洛花以谷雨为开候。"

虽已时至暮春，但谷雨时节却是牡丹花开放的重要时段，因此牡丹花也被称作"谷雨花"。

牡丹娇嫩，浪漫的古人也会采摘牡丹花瓣，用来泡茶或者制作糕点。《神农本草经》中说它能"除症结瘀血，安五脏"，也就是说，牡丹可以散去体内瘀血，滋养五脏六腑。

制作松花饼

《万花谷》云:"春尽,采松花和白糖或蜜作饼,不惟香味清甘,自有所益于人。"

春天快要结束的时候,可以采一些松花,和白糖、蜂蜜一起做成松花饼,不仅味道甘甜清香,而且对身体很有益处。

松花就是松树的花,它也是一味中药,有润心肺、祛风、燥湿的功效,对有湿疹或者经常头痛的人来说,是很好的药材。但如今,松花已经越来越难找到了,所以可以用槐花代替。槐花清热凉血,正好能平衡一下这个时节容易旺盛的肝火。

谷雨到了,花期已不是最盛,但世间繁华的种子早已埋下,只等待着夏日的一场盛会,将积蓄许久的能量迸发出来,继续着长大、长高的茁壮进程。

夏

有一个词语，很好地表露出了夏天的生命力，叫作"活泼泼"。这是古人对"气韵生动"的描绘，强调的是一种充沛而灵动的力量。

在入夏之后你就会发现，大自然开始有了少年气息。在懵懂和成熟之间，年轻舒展，充满力量，正是"活泼泼"的当下。

我们每个人也可以借着这股活泼泼的生命力，养出蓬勃的精气神。

立夏

立夏，是夏日的第一个节气。古人说："万物至此皆长大，故名立夏也。"从立夏开始，世间万物便会展开一幅"长大"的场景：乡间的麦浪开始翻滚，樱桃、青梅接连成熟，连风的味道也变得热情、浓郁……所有的一切，都在变幻为初夏时节的模样。

很喜欢立夏中"长大"的意蕴，与春天那种冒着嫩尖的春意不同，也不似秋冬时的丰收之意。立夏的"长大"是刚刚好的样子，既不幼稚，也不沧桑，底气十足地宣告着：不管是植物还是人类，只要能抓住机会，在立夏时打好基础，都会平等地"长大"，在整个夏天里，拥有活泼泼的能量。

立夏四月节

唐·元稹

欲知春与夏，仲吕启朱明。

蚯蚓谁教出，王菰自合生。

帘蚕呈茧样，林鸟哺雏声。

渐觉云峰好，徐徐带雨行。

立夏

在夏日里
和植物一起活泼泼地长大

夏天来了，先给身体祛湿热

夏天刚开始，我们调理身体的第一步是保持身体清透，也就是祛湿热。只有这样，进入盛夏之后，阳气才能补得进去。

在夏季湿热的环境里，身体出汗会特别多。这时候，如果汗液没有被及时擦拭，或者因为贪凉一直待在空调屋中，就会很容易让毛孔因受凉而闭塞，汗液不能完全排出，从而导致外界的湿热之气通过肌肤表层侵入五脏六腑。

尤其是脾胃，它们天生喜欢干燥的环境，一旦被潮湿闷热笼罩，就会变得倦怠、疲惫，没办法很好运化体内的水湿。不管什么体质的人，在这种情况下，或多或少都会表现出湿热的症状。而本就脾虚、有湿的人，受到外界环境的牵引，湿气会进一步加重，并且和热裹挟在一起，进化为湿热。

这时候，湿热在身体不同的部位，也会有不同的表现。

舌苔：舌苔明显厚腻且有齿痕，颜色偏黄。也就是中医所说的"黄腻苔"，舌苔颗粒紧密胶粘，如黄色粉末涂在舌面上。

上焦湿热：①面色油腻，不管怎么清洗看上去都不太干净，容易长痘。②后背容易冒痘痘。③时常会觉得胸闷,感觉有股燥热感,很想发脾气。④ 头脑昏沉,眼睛睁不开,汗水较多,经常想要睡觉。

中焦湿热:①吃东西容易拉肚子,大便也时常不成形、黏腻,且伴有臭气。②腹部经常胀满,尤其在进食后特别明显。③怕热,平时比较爱吃冷饮,总是莫名觉得口干,喝水也缓解不了。

下焦湿热:①小便偏黄,排尿时会有灼热感。②女性的白带偏黄,量比较大,且伴有异味。③女性经期提前,而且经血质地黏稠,或者有血块,颜色鲜红。④有脚气,足底汗水较多,总是发痒。

相对于寒湿来说,湿热的状况更难调理一些。因为湿是阴邪,而体内又有热,就好比一块年糕,里面是热的,而外面是冷的,单纯祛湿或者补阳都有可能加重湿气。

正确的处理方式:先利湿,相当于给年糕开了一个小口子,让热气能够从里面泄出来。再配合着清热,将热气化解。最后是健脾,帮助脾胃恢复正常运行。如此一来,才算是从根本上搞定了湿热。

薄荷陈皮清舒茶，祛除三焦湿热的小茶方

了解了湿热在身体不同部位的表现后，我们或许会感觉自己的三焦都有湿热，只是有的部位表现得更明显一些。

这时候，我推荐给大家一款小茶方——薄荷陈皮清舒茶，它由薄荷、白茅根、绿茶、陈皮、甘草和干姜搭配而成，是清理三焦湿热的基础方。其中，薄荷、白茅根、绿茶都是清热祛湿的，陈皮、干姜、甘草则可以呵护脾胃，两方强强联手，就好像给身体进行了大扫除，化去了沉闷的浊湿。

薄荷是宣散风热的好东西，主要用于清理上焦，近代医家张锡纯说它"内透筋骨，外达肌表，宣通脏腑，贯穿经络"。泡上一点儿，薄荷那种独有的凉爽气息就会通过嗅觉、味觉慢慢贯穿我们的身体上下。体内那股郁热散出去以后，全身都会清透不少。

白茅根有清热利尿的作用，可用于清理下焦湿热，能够将湿气、热气化作尿液排出体外。白茅根很特别，《本草经疏》说它"甘能补脾，甘则虽寒而不犯胃"，虽说是寒凉的材料，但白茅根味道偏于甘甜，而甘能补脾，所以它在清热利湿的同时，却不会伤及脾胃。

绿茶有升清降浊的功效，它清淡的香气中包含着满满的阳气，可以向上疏散邪气。但它的味道是苦的，苦是泻下的，所以还能降下体内的火气，帮助身体往下清理浊气。绿茶与薄荷、白茅根搭配，能够加强祛三焦湿热的作用。

湿热祛除以后，接下来还要健脾，帮助中焦的脾胃运行。所以这个茶方里还添加了陈皮和甘草。陈皮有股特殊的柑橘香，可以小小地刺激一下脾胃，将它唤醒；甘草味甘，能够呵护脾胃。两者搭配，可以帮助脾胃自行恢复运行能力，将湿气排出体外。

最后，可以加入一点干姜，以缓和绿茶、薄荷、白茅根的凉性，使薄荷陈皮清舒茶整体的性味变得平和。

薄荷陈皮清舒茶

薄荷 .... 2 克

白茅根 .... 2 克

绿茶 .... 2 克

陈皮 .... 2 克

甘草 .... 1 克

干姜 .... 1 克

做法

01 将薄荷、白茅根、绿茶、陈皮、甘草、干姜根按照 2 ：2 ：2 ：2 ：1 ：1 的比例准备好。

02 将它们用温水稍微冲洗一下，晾干，制作成茶包放入壶中。

03 往壶中倒入 1/5 左右的开水，等待 5 秒左右，再将壶倒满，待茶水颜色变深后即可饮用。

百搭的夏日祛湿小茶方

一开始闻到的是干姜的香气，非常醒神。等到茶水泡好后，潜藏在里面的薄荷味道才会逐渐释放。小小地抿一口，茶水的清透气息就会从唇舌钻入，浸染全身上下。

薄荷陈皮清舒茶可以每天喝，一直要喝到体内湿气祛除得差不多的时候才能停。祛除情况可以看舌苔和肌肤：如果舌苔变薄了，肌肤上长痘痘的情况也缓解了，就可以停喝了。一般来说，湿气轻的人，喝 2~3 天就会缓解；稍微严重一些的，则需要喝 1 周左右。

艾灸祛湿

除了饮食之外，想要更好地祛除湿热，还可以用艾灸的方式给身体补充阳气，帮助运化水湿。但由于湿热的特性既有阴邪又有热，过多的补阳之举会助热，所以一开始艾灸时，要选择利湿的穴位，等到湿气缓解以后，舌苔变薄了，再辅佐补阳的穴位，以更好地运化体内的水湿。

此时建议艾灸两个穴位——关元穴和丰隆穴。关元穴，能为身体关住元阳之气，是人体功效最强大的补穴之一。丰隆穴有祛湿的作用，能够一下子涤清全身废弃的湿气，帮助身体推陈出新。两者搭配一起，能够更好地为身体祛除湿气。

进行艾灸时，建议先灸关元穴，再灸丰隆穴，这样可以引火下行，不容易上火。一周可以艾灸 2~3 次，每次 15~20 分钟。

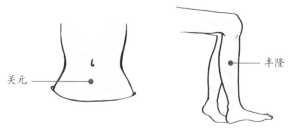

关元

丰隆

先灸关元穴，再灸丰隆穴，
每次每穴灸 15~20 分钟

古时人们就有"迎夏"的习俗，文人们会在这个时候感慨春天的消逝，备上酒食，像送走朋友一样送走春天。对他们而言，春夏的交替是藏在诗句之中的。

四月十三日立夏呈安之

宋·司马光

留春春不住，昨夜的然归。

欢趣何妨少，闲游勿怪稀。

林莺欣有吒，丛蝶怅无依。

窗下忘怀客，高眠正掩扉。

喝桑葚酒

《云笈七签》曰："四月望后，宜食桑葚酒，治风热之疾。"

古人认为桑葚是补益之果，很适合经常熬夜、喝酒以及肝肾不好的人吃。《滇南本草》曾记载，桑葚可以"益肾脏而固精，久服黑发明目"，有很好的补益作用。而用桑葚酿酒，不仅香甜好喝，还可以借助酒劲将桑葚的补益效力引到肝脏上，起到祛湿养阳的作用。

称量体重

清代诗人蔡云有诗云："风开绣阁扬罗衣，认是秋千戏却非。为挂量才上官秤，评量燕瘦与环肥。"

古代在立夏这天有"秤人"的习俗，女子们会纷纷走出香闺来称量体重。官秤看上去如同秋千一样，女子在立夏称一次，夏天过后，立秋再称一次，可以看看自己到底清减了多少。大汗淋漓的夏天，正是减肥的好时候呢。

吃"三新"

"三新"指的是樱桃、青梅、新麦。农历四月正好是吃樱桃的季节，樱桃的甜与青梅的酸在古人看来是绝佳的搭配。此时麦子尚未熟透，古人便将青麦炒熟，用糖拌匀后食用，称之为"凉炒面"。大家也可以试试看，滋味十分特别。

立夏，仅仅是夏天的开始，春华的尾声尚在。此时万物舒长，我们可以在焦夏来临之前，好好抓住这春天的尾巴。

泡一瓶青梅酒，留住初夏的味道

小满

小满，是夏天的第二个节气。

《月令七十二候集解》里说："小满者，物致于此小得盈满。"说的是这个时候，冬小麦的籽粒在大自然的滋养下逐渐饱满，一阵风拂过，空气里都会泛起麦香，但因为距离农人收割还有一段距离，所以称之为"小满"，带着几分小满足、小喜悦之意。

"小得盈满"是一种刚刚好的状态，生机勃勃，却又从容不迫，尚无盛夏时期的急躁。小满，是适合让身体休憩、让心情变得更加舒畅的时节。

小满

宋·欧阳修

夜莺啼绿柳，皓月醒长空。

最爱垄头麦，迎风笑落红。

小满

小得盈满，便是圆满

小满时节，容易内生火毒

从小满开始，天气变得越来越炎热，雨水也开始增多，经常会出现晴雨交加的极端天气。虽然天气变化无常，但人们也会感到一丝庆幸——长期的炎热天气会给身体带来很大负担，偶尔的降温与雨水反而给了身体一个呼吸的机会，可以借此长舒一口气了。

在阳气茂盛的夏季，水与火的反复较量，很容易导致人体内生火毒，也就是郁火。因为夏天的阳气是浮在体表的，如果忽然降温，毛孔就会收紧，阳气就会被堵在身体里，慢慢地累积成郁火。这时我们很容易感到体内是热的，体表却是寒的。

郁火的症状表现如下：

● 从外表上看，四肢会出现水肿，比平时胖一些。

● 手脚变得冰凉，忍不住打寒颤，头上冒汗，但身上却没什么汗。

● 时常心情烦躁，失眠多梦。

● 痰比较多，小便量却少，还会伴随便秘。

郁火跟上火其实不太一样。人上火的时候，火气会很明显地发作出来，很容易从外在观察到——比如眼睛、舌头都是红红的，经常会口干、口渴，脸上也会冒痘痘。郁火则更复杂一点，它接近于一种冰火两重天的状态。

很多人只看到身体的一面，单纯觉得身子冷就是体寒，或者觉得口干舌燥就是上火，于是会选择吃一些补阳或者清火的食物。但这些食物被吃进去以后，在有郁火的身体内是没办法被消化的，反而可能会产生淤积，加重火气。所以，只有正确地给身体去散郁火，才能保持身体舒适。

散郁火的第一步，为身体打通道路

很多人一听到有火气，就想着用寒凉的药物去压制它，其实没那么简单。

不管是火气刚刚萌芽还是已经呼呼往上冒的时候，都不太适合马上吃寒凉的食物，而是要想办法先让火气发散出来。因为火气遇寒则凝，就像一条小河突遇寒冷天气会被冻住，被冻住了自然没办法发散出去，从而会继续郁结。体内本来就有火，外出的通道又被堵塞了，那么体内的火气就会越积越多。

想要解决掉体内郁结的火气，就得先为身体打通道路，这样阳气才能顺利发散出去。

可以把身体想象成一只茶杯，杯子里的茶水还冒着热气。这时如果杯子被盖上，热气就会一直积在茶杯里面，水就不容易变凉；而敞开茶杯，能让热气散发出去，茶水也能很快凉下来。

同理，人体内的火气也是如此。如果火气能够很快发散出去，就不会觉得火气重了。所以，在有郁火的情况下，可以吃一点辛辣的食物，帮助打开身体的通道，让阳气能够顺畅地在体内通行，以化解火气。

一提到发散的食物，我们很容易想到姜枣茶。但姜枣茶是属于辛温发散的，它散的是体内的寒气，怕冷怕风、不怎么觉得热也不怎么口渴的人才适合吃。对于有郁火症状的人来说，我更建议来一杯小满露。

小满露的主要材料是薄荷和黄瓜。薄荷辛凉发散，刚好能散去体内的热气。《药品化义》中说它"味辛能散，性凉而清，通利六阳之会首，祛除诸热之风邪"。体内有郁火或者风热感冒的人，喝一杯薄荷茶，会感觉有股气向上升起，然后身体微微发汗，火气也会随之慢慢地散出去。

黄瓜在小满时也极为鲜脆，味道清香，吃起来有一种很清爽的感觉。《日用本草》中讲黄瓜可以"除胸中热，解烦渴，利水道"。在人热得烦躁的时候，吃一口黄瓜，能够很快地解除暑热。但黄瓜性寒，不适合脾胃虚寒的人吃。

最后还可以加一点酸酸的柠檬汁，在炎炎夏日为身体补充津液，特别是在汗水长流、阳气散发太过时，可以帮助收敛一下。

一杯小满露，清凉又去火

小满露

薄荷 .... 5 克

黄瓜 .... 1 根

柠檬 .... 1/3 个

凉白开 .... 适量

做法

01　将薄荷、黄瓜洗净，沥干水分。黄瓜不用去皮，直接切成薄片。

02　将薄荷、黄瓜一起倒入榨汁机，加入适量凉白开，高速搅拌 2 分钟左右。

03　倒出榨好的汁水，挤上柠檬汁即可。

小贴士：打好的果汁不用过滤，直接喝下去效果会更好。如果没有榨汁机的话，也可以直接用薄荷、黄瓜片、柠檬片泡水喝，喝完之后还可以将黄瓜片吃掉。

小满露酸酸甜甜，最能消除暑热

　　拿到刚做好的小满露，第一时间闻到的
就是浓郁的薄荷香气，抿一两口，就会发现
黄瓜清甜的味道已经和薄荷的香气深深融合
了，柠檬的回甘又会让甜、酸、香交织在一起，
酿成清爽的滋味。这正好是身体在夏天最喜
欢的味道。

古人的小满，是这样过的

小满过后，温度上升会比较快，古人也会开始想着如何避暑了。不管是日常饮食，还是平时的生活习惯，都在慢慢为盛夏做准备。

吃苦菜

苦菜是中国人最早开始食用的野菜之一，味道鲜嫩爽脆。虽然有淡淡的苦味，却又有清香的回甘，很受欢迎。《诗经》中吟唱的"采苦采苦，首阳之下"中的"苦"指的就是苦菜。《医林纂要》中称它可以"泻心解暑，去热除烦"。小满时暑气渐旺，吃一点儿苦菜，最好不过。

睡觉盖好小毯子

《遵生八笺》曰："不得于星月下露卧，兼便睡着，使人扇风取凉。一时虽快，风入腠里，其患最深。"

夏天睡觉时不要因为贪凉，让身体裸露在风扇或空调之下，不然风邪很容易侵入，人容易感染风寒。此时需要盖一条小毯子或薄被子，保护一下身体。

接引地气

小满过后，地面的温度慢慢升高。这个时候穿上布鞋或是赤脚在地上走一会儿，不仅不会受寒，反而可以让地面上的阴气通过涌泉穴升入体内。古人认为，接引地气能帮助身体达到一种"阴阳平衡"的状态。

与其他节气不一样的是，小满之后没有大满。在古人心中，大满并不是人生最好的状态，太满会溢出，不满则会留下遗憾，而小满才是刚刚好的状态。人生也不应该有太多苛求，小满即安，不妨让自己沉淀下来，使心灵得到安静、坦然的成长。

小满未满，是刚刚好的状态

芒种 ⑨

古人说："谓有芒之种谷可稼种矣。"芒种的"芒"字，是指麦类等有芒植物的收获，"种"字是指谷黍类作物到了播种的节令。

芒种的时候，北方的农人们会穿梭在田野中，紧着时间将大麦、小麦收割干净，南方的农人会种下水稻，希望赶上端午接收充足的能量；栀子花、茉莉花不知疲倦地释放着花香；果子忙着成熟……世间的一切都在忙碌着，以跟上夏日生长的节奏。

虽说忙碌，但也有充满热情的投入。于是，心满意足的时刻就会来临，这便是收获的结果。

约客

宋·赵师秀

黄梅时节家家雨，青草池塘处处蛙。

有约不来过夜半，闲敲棋子落灯花。

芒种

热乎乎的六月
愿你心有精气

芒种，该正式给身体降心火了

从芒种开始，就正式进入盛夏了。需要注意的是，此时不只植物会进入疯长阶段，连人体内的心火也会呼呼往上冒。

《黄帝内经》中记载："心者，生之本……为阳中之太阳，通于夏气。"心为火脏，主一身之阳气，与夏气相通。所以芒种期间，该正式降心火了。

在中医看来，心火是生命之火，有温煦五脏六腑的作用。心火就好像天上的太阳，有了它的温暖照料，世间的植物才能畅快地伸展枝条，开花结果。

对于人体来讲，为了应对夏日生长的节奏，心火会主动把自己烧得更旺盛，为五脏六腑补足充分的能量。

因此，很多心阳不足、脸色发白、四肢凉冰冰的女孩，这段时间会舒服很多，但对于大多数人来讲，心火太旺了则是件麻烦事。

众所周知，心脏在身体的上半部分。中医认为，心火正常的运行方式是往下的，如此，才能与下半身的肾水相交，彼此融合，让全身上下维持冷热均匀、舒舒服服的状态。而一旦心火太旺，则无法往下降，就容易出现：

●舌头生疮，尤其是舌尖。

中医认为"舌为心之苗"，心脏的问题大多会反映在舌头上，尤其是舌尖。心火太旺，舌尖会生疮，如果严重些，还会蔓延到舌头的两面，一碰就会觉得疼，吃饭也没有胃口。

需要注意的是，很多朋友可能分不清自己的口舌生疮到底是胃火还是心火导致的，有个很简单的方式来辨别：观察是否有口气或者胃里反酸的情况。一般来说，心火是不会有这些反应的。

●额头上总是冒痘。

额头属于心脏管辖的区域，心火一直不清理，额头也会冒出一个又一个的小痘痘，怎么都压不下去。

与普通的粉刺不同，这种心火引起的痘痘，总是在眉间连成一片，一按就会有疼痛感。

●容易失眠，心情烦闷。

心脏一直无法安稳，睡眠自然会比较浅——虽然睡着了，却仍能听见身边的动静。严重一些的还会心悸。

● 小便泛黄。

心与小肠相表里，心里有火气的时候，会移热到小肠的位置，导致小便的颜色偏黄。

● 上热下寒。

心火长时间没有清理，不能持续与肾水交融，下半身便得不到温煦，就会出现觉得下半身寒凉，上半身却持续上火的情况。

心火旺在夏天是正常的，它能够加快我们身体的新陈代谢，不可以直接扑灭它。比较好的处理方法是将心火往下引导到肾水的位置，这样除了能够降心火外，还能让肾水沸腾起来以温煦下半身。

在中医看来，当病邪肆动的时候，也正是祛除它的最好时机。当身体顺着气脉开张打开毛孔的时候，会从内到外地暖起来，从而将体内积聚的寒气驱除出体外。

保持清透

莲心甘草茶，降心火最快的小茶方

夏天时，莲心是我家橱柜里常备的食材。它是莲子里那根细细的绿芯，莲子肉可以补脾胃，但莲心却有降心火的作用。

每年到芒种的时候，我都会取一点出来搭配甘草泡茶喝，给自己降降心火。

莲心的性质偏凉，而且味道偏苦，苦味入心，天生就擅长降心火。

古人把长夏称之为"苦夏"，除了夏日炎炎，时常令人犯懒、心情烦躁外，还因为苦味可以醒神，有助于消暑。

与之搭配的甘草，有调和诸药的作用，可以缓解莲心的寒凉，让这款茶饮变得比较平和，孕妇以及哺乳期的妈妈也可以适当喝一些。

莲心甘草茶

莲心................ 2克

甘草................ 2克

做法

① 用开水快速将莲心、甘草冲洗一下，避免药效流失。

② 将莲心、甘草放入茶壶中，用90摄氏度以上的热水冲泡。

③ 把壶盖盖好，焖5分钟左右即可饮用。

小贴士：莲心性寒，脾胃虚弱的人喝了容易拉肚子，我建议搭配其他材料一起用。脾胃虚主要分为两种情况：如果是单纯的脾胃虚，也就是吃得少，但依旧容易胀肚、脸色偏黄，可以在茶方里加2克陈皮；如果是脾胃虚寒，比如小肚子时常凉凉的，可以加2克干姜。

莲心的苦味可以醒神

　　喝一口泡好的莲心甘草茶，会有淡淡的苦味，却不会让人反感，因为之后的回甘，会让整个口腔都变得很清爽，整个人的心情也会平和不少。

古人的芒种，是这样过的

芒种是盛夏的开端，为了清除仲夏过多的火气，古人会想出了各种可爱的方法。

送花神

芒种时，万花凋零，花神退位，古人会举行隆重的活动，为花神饯行。《红楼梦》中也有关于送花神这一习俗的记载："大观园中的女孩子们，或用花瓣柳枝编成轿马的，或用绫锦纱罗叠成干旄旌幢的，都用彩线系了。"女孩子们会用各种方式去感恩花神带给人间的美好，期盼来年再会。

做一只凉夏小香囊

芒种一般和端午节靠得很近。古时的端午，一些讲究的大家闺秀会挑选舒适柔软的布料，让中医配好草药，制成香囊挂在身上。因为低头就能闻见气味，这种方式被称为"服气养生"，即通过呼吸的方式，让药香滋养身体。香囊所选的药材除了要有香气之外，一定得具备提神消暑的功效。

我给大家推荐一个凉夏香囊配方，将薄荷、陈皮、白芷、白蔻按照1：1：1：1的比例配备，制成香囊。它具有芳香开窍的作用，在容易困顿的午后，可以帮助我们缓解心火旺引起的不适。

采摘艾草

　　五月采艾是古时就有的传统习俗。人们会选择一个好日子，在鸡鸣之前出发，到郊外采摘艾草，将最像人形的艾草带回家，挂在门上或者用来针灸。古人认为，艾草是很重要的药用植物，可以制成艾绒来灸穴。艾灸能够温补阳气、驱散寒邪，对虚寒体质的人强健体魄很有效。

　　节气的神奇之处，就在于它到来时总会伴随着最独特的律动，让世间万物都跟着它的节奏来舞动。芒种的节奏，就是整理上半年的收获，调整身体状态，准备迎接下半年的美好。

夏至

拾

　　夏至，是最早被确定的一个节气。过去的人们，虽然不完全懂得大自然变幻的科学原理，但会用心观察天地——太阳每天运行的轨迹都不一样，而日影投射在地上最短的那天，便是夏至了。

　　此时，天地间的万物都壮大到了极点，阳气也攀上了顶峰，夏至是一年中黑夜最短、白昼最长的日子。古人很看重这一天，将夏至视作一个吉日。文武百官会放假三天，回家与亲人团聚，所以这段时间又叫"歇夏"。

　　夏至这天如果无事，我会早早回家，看看书、吃点荔枝、喝口凉茶，由着心意做自己想做的事情。一个"歇"字，是闲适和自在的开始，要在烦热的夏天里，给自己一个短暂的停顿。

夏至

宋·范成大

李核垂腰祝饐，粽丝系臂扶羸。

节物竞随乡俗，老翁闲伴儿嬉。

夏至

夏至是整个夏天的逗号

停一下，歇一歇

一年阴阳交界的节点，宜静心修养

如果我们把一年看成一天，夏至就是中午的 12 点，处于午时。午时的阳气最强，夏至也是如此。这一天太阳离北半球最近，阳气到达了顶点。与此同时，也意味着阴气的初生。事实上，阴气已经秘而不宣地存在了，但还在萌芽阶段，需要好好呵护，顺势成长。

因此，在夏至时节呵护身体的重点，就不仅仅是一味地养阳了，还要顺势养护好阴气。只有保护好阴气的萌芽，才能让阴阳在此时得以顺利完成交接，为秋冬的到来做好准备。

《周易》中说："先王以此日闭关，商旅不行。"这其实是一份夏至时节的生活指南。古人认为，这段时间应该减少应酬，收摄心神，子时（晚上 11 点至次日凌晨 1 点）之前一定要入睡。在古人看来，阳主动，动是消耗；而阴主静，静则是安静修养。如果想在此时保护好阴气的萌芽，就一定要收摄心神，保持平心静气的状态，避免急躁。所以夏至这天有"百官绝事，不听政"的说法。

夏至这一天的正午，不少人会感觉到，如果不睡觉或者稍作休息的话，下午就会十分疲惫，工作起来没有精神。

倘若在夏至时节，因没有安心休养致阴阳未完成交接，就容易损害人体内的元气。因此，老人们常说，夏至不能熬夜，此时熬夜一晚上相当于平时熬夜一周，会极大地消耗体内的元气。

不妨向古人学习一下，在夏至这个重要的时节调节身心，以便平和地过渡到盛夏。

心静自然凉

夏至静心汤，可解一季烦忧

每到夏至，我都会给自己煮一碗静心汤，这个方子是我从妈妈那儿学来的。每年的农历五月，正好是萱草上市的时候，这时候妈妈都会买一点新鲜的萱草，熬一碗静心汤给我喝，特别能化解夏天的烦闷。

《随息居饮食谱》中说萱草"利膈，清热，养心，解忧"，食用之后可以让人心情舒畅，故而萱草又名"解忧草"。浪漫的古人认为，它像仙草一样能够消解人所有的烦忧。

与萱草一起搭配熬汤的，还有合欢皮。古人经常把它俩搭配食用，使静心宁神的功效得以加倍。《养生论》中讲的"合欢解忿，萱草忘忧"，就是说这两种材料搭配在一起吃，能够解除烦恼。

合欢皮味甘，性平，入的是心、脾两经。明代医家缪希雍说它"甘主益脾，脾实则五脏

养神

自安；甘可以缓，心气舒缓，则神明自畅而欢乐无忧"，合欢的甘味既可以养护脾胃，又能够舒缓心气，具备双重功效。

汤里的材料还有百合、猪瘦肉，它们可以滋阴。夏至时，人体内的阴气刚刚萌发，正好可以借助百合与猪瘦肉的作用将之保护起来。

小麦也是养心的，而且有止烦的作用，可以在合欢花和萱草的基础上发挥作用。此外，还有性甘的茯苓和红枣，甘味入脾，能够很好地养护脾胃。

这道汤平和温润，不伤阴，不伤阳，性不偏颇，孕妇和老人都可以安心食用。对于夏至的"极"而言，也是一种平衡。

平心静气

夏至静心汤

材料

萱草	30 克
合欢皮	15 克
百合	15 克
猪瘦肉	150 克
小麦	30 克
茯苓	12 克
红枣	6 枚

做法

01 将合欢皮洗净，放入清水中浸泡 30 分钟，装入汤料包中备用。

02 红枣去核，与萱草、百合、小麦、茯苓分别洗净备用。猪瘦肉洗净，切成条状备用。

03 往锅中加入清水，放入所有材料。

04 大火煮沸后，转小火煲 1 个小时左右，至猪肉软烂后即可。

合欢解忿，萱草忘忧

　　煮好的静心汤并不会有特别重的药味，反而会有一股麦子的清香。因为材料多，煮好的汤味道香浓，不需放盐就有丰富的滋味。喝上一口，心情会舒畅很多。

随时能用的静心法：按摩内关穴

　　说到静心，还有一个不管是什么体质的人都能随时随地用的方法——按摩内关穴。内关穴是心包经上的穴位，这条经脉与心脏相连。在古人看来，心包经上的穴位比心脏本身的穴位要多，按揉心包经穴位的静心效果也更好。

　　内关穴在人体手臂内侧，位于两条大筋中央，腕部横纹上 2 寸的位置。常按内关穴有静心安神的功效，可以很好地帮助缓解心中的焦躁情绪。对经常失眠的人来说，常按这个穴位可以缓解失眠。

　　合并食指、中指，按揉内关穴 10~15 分钟，每日 2~3 次，自然就可使心情平复下来。除此之外，还可以艾灸内关穴 30 分钟，每日 1 次。

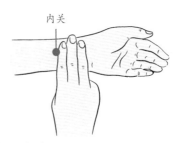

按揉内关穴 10~15 分钟，
每日 2~3 次

目之所及都是浓郁的绿色

古人的夏至，是这样过的

夏至在古时是很重要的节日，虽然天气渐渐炎热，却不妨碍古人凭借自己的智慧，把炎炎夏日过得安心舒适。

吃荔枝

古人常言"五月荔枝天"，农历五月是吃荔枝的时节，市面上会出现大量的鲜荔枝。荔枝是杨贵妃的最爱，"一骑红尘妃子笑"的诗句更是说明了它在贵妃心目中的重要地位。荔枝味甘酸，李时珍称它为纯阳之物，能够补体内正气，还有驱寒功效。然而荔枝性热，容易上火的人不宜多吃。

互赠团扇、脂粉

《酉阳杂俎》曰："夏至日，进扇及粉脂囊，皆有辞。"

在夏至日，古人会准备一些消暑活动。比如，妇女们在夏至日会互赠团扇、脂粉等物品。这是有原因的——扇子可以扇风生凉，而脂粉涂在身体上，能够散去因体热所生的浊气，避免生痱子。

饮食温暖

《遵生八笺》曰:"夏至后,夜半一阴生,宜服热物,兼服补肾汤药。"

夏至,意味着天气越来越炎热,从保护身体的角度来说,天气越热反倒越需要温养。一方面,此时的炎热天气很容易让人大汗淋漓,伤了元气;另一方面,人们会因为贪图凉爽,吃太多冰凉的东西,有损脾胃。因此,古人在这时喜欢喝由各种香药、香草制作而成的"熟水",如桂汤熟水、豆蔻熟水等,借由它们燥湿、温阳的作用,保护好自己的脾胃。

夏至是充满诗意的浪漫节气,它给予了人们更多亲近大自然的时间。若是晚上能看到一轮明月或一片星空,那便是再好不过了。独处之际,徐徐清风吹来,会让烦躁的心一下子变得无比安宁。

小暑

小暑一到，意味着之后的天气会越来越热，连每天吹拂到脸颊上的风都是温热的，没有一丝凉爽。

古人说，暑者，从日，者声。日者，是说大地上的万事万物，包括人在内，都在太阳底下。

不过万幸的是，"暑"字前面还有一个"小"字，就给这层炎热蒙上了一层小小的可爱和温柔——虽然热，但还没到顶点。

最炎热的时候还没有到，还有一段空闲时间去挥霍，吃好吃的东西，四处乘凉游玩，慢条斯理地把身体调理到舒服的状态。

夏日

清·乔远炳

薰风愠解引新凉，小暑神清夏日长。

断续蝉声传远树，呢喃燕语倚雕梁。

眠摊薤簟千纹滑，座接花茵一院香。

雪藕冰桃情自适，无烦珍重碧筒尝。

小暑

暑月，我们载着热风
却也清凉

借着出汗，排出体内的湿毒、热毒

从小暑开始到大暑结束的 30 天时间，是一年中身体最容易排出垃圾、毒素的时候。原因就在于这段时间炎热的天气，让体内阳气达到高峰，体表毛孔大开，相当于打开了一个天然的排毒通道。

这时候，在太阳下一站，或者稍微一活动，身体就很容易出汗，顺势把平时窝在体内的"毒素"给排出去了。

来看看身体里，一般都"窝藏"了哪些"毒素"呢？

● 湿毒，也称湿热。不管什么体质的人，进入小暑，体内都会或多或少会冒出一些湿热，寒湿体质的朋友也不例外。舌苔黄厚，背上或胸口长痘，口干舌燥等，都是其典型表现。

●火毒。夏天的天时属火，火太多就会变成毒。火毒主要以心火为主，如果舌尖是红红的，就说明心火太旺。

●寒毒。爱吹空调或吃冷饮的人，体内容易堆积寒毒。炎热的夏天寒毒还不明显，到了冬天，怕冷、痛经、膝盖疼痛等症状就出现了。

而发汗好就好在身体知道如何进行自我调节——你体内有什么毒素，它就排什么毒素。

所以《黄帝内经》里说"使气外泄"，是告诉人们这会儿一定要尽可能地舒展身体，让气机流动，舒畅地流出汗液。

空调吹太多，汗发不出来怎么办

如果入夏后，一直待在空调房里，没怎么出过汗，会怎么样呢？错过宝贵的排毒季事小，关键是这些体内排不出去的毒素还会换着法子从其他地方发出来，出现脚气、湿疹、口腔溃疡等症状。

很多人不知道原因，还在想办法把这些问题给"堵住"。有女孩子针对脚气，用一些抑制出汗的药粉——看起来把脚气解决了，但过段时间可能又冒出湿疹和痘痘，甚至白带出现异常等，这是因为发不出去的毒素，一定会想办法从其他通道出来。小暑这段时间，一定要做的事情就是让身体主动地发发汗，千万别错过这个宝贵的排毒季。

排汗，并不是什么方式都可以。中医上有"动汗"和"静汗"之分。

"动汗"，是指通过运动或者吃一点辛味的东西等，来主动帮助身体排汗。古人认为"动汗可贵"，因为它属于深层排汗。比起因为气温或者蒸桑拿出的"静汗"，这能更好地运化我们身体内部的气血，利于体内寒气的排出。

关于具体的运动推荐，建议大家先从瑜伽、八段锦等比较安静的运动开始入手。这些安静的运动虽然节奏很慢，却可以帮助我们让气血不断运转。

第一次吃到紫苏桃子姜这款小甜品时，我竟不知道还能有这样的组合，让生姜的性味变得这么柔和。虽然是生姜做的，但吃起来却酸甜可口，有紫苏特别的风味，还有桃子微甜的气息，简直是夏日里难得的清爽美味。

紫苏和生姜都是辛味的食物，有发散的作用，能驱赶体内郁结的邪气，借由发汗排出体外。不过两者发散的部位可不一样。紫苏能解表，散的是体表的邪气。比如夏天穿得少，不小心受了风寒，可以用一点紫苏来帮助打开体表，将寒气排出去。生姜更擅长驱走脾胃的寒气，对脾胃虚寒的人来说特别好。《药性类明》里说："生姜去湿，只是温中益脾胃，脾胃之气温和健运，则湿气自去矣。"

这份食谱中的点睛之笔是桃子。桃子是水果中少有的可以"养人"却又不伤身的食物——它能补血，而且是补心血。

在中医看来，汗为心之液，是很宝贵的。虽然之前讲了这么多排汗的好处，但都是针对每天待在空调房里，身体不出汗的朋友而言的。如果你已经有足够的运动量，并且也不常吹空调，身体自然在发汗，就没有必要再特意增加排汗量，否则就变成消耗了。这时候的桃子刚好能帮助补充心血，正好平衡了整个食谱的性味，使之变得温和。

吃紫苏桃子姜，清爽度过小暑

紫苏桃子姜

材料

脆桃 .... 2 个

紫苏 .... 200 克

嫩姜 .... 100 克

米醋 .... 2 勺

白砂糖 .... 60 克

盐 .... 5 克

做法

01　将脆桃、紫苏、嫩姜用清水冲洗干净。

02　将脆桃和嫩姜切成薄片。将紫苏剪碎，大约 1 厘米宽为宜。然后加盐抓拌一下，确保它们都能均匀地沾到盐。

03　盖上盖子或保鲜膜，腌渍 2 个小时。

04　加 2 勺米醋，再加入白砂糖，再次搅拌均匀。装瓶密封，冷藏 24~48 个小时就可以食用了。

紫苏和脆桃，让生姜的性味变得柔和

很多上热下寒体质的朋友，到了夏天是
不太敢吃姜的。但这个紫苏桃子姜，吃起来
非常清爽且不会上火。

早起可以用它配一碗白粥，或者当作下
午茶的小甜品。吃完之后，身上会出一层细
汗，整个人都通透了。

古人的小暑，是这样过的

小暑之后，热浪翻滚。古人说："冬不宜极温，夏不宜极凉。"夏天虽然炎热，但也需要注意身体，不要过于贪凉，要让心情保持平和舒适的状态，以安稳度夏。

喝白虎汤

《家塾事亲》曰："西瓜性凉，熟者可食，解暑，名白虎汤。"

西瓜一身都是宝。西瓜瓤可以拿来做白虎汤，清热解暑。但西瓜瓤性寒，脾胃虚弱的人不宜多吃。西瓜籽是温性的，可以适当吃一点，帮忙中和寒性。此外，西瓜皮还有利水消肿的功效。

夏天怎么少得了西瓜

用扇子扇手心

《济世仁术》曰："六月极热，可用扇急扇手心，则五体俱凉。"

夏天炎热，全身出汗比较多，气虚的人直接吹风很容易引邪气入体，因而古人会先用扇子扇手心。中医认为，双手气脉都会经过心脏。手心凉了，心神也会跟着安定。"心静自然凉"，全身就会跟着凉爽下来。

每个节气都被赋予了特殊意义，但它们都会提醒我们好好关注自己的身体。因此，无论是喝一碗水，还是一碗汤，都能从细微之处让生活增添几分仪式感，让人心生欢喜。

夏

大暑

《历书》记载"斯时天气甚烈于小暑，故名曰大暑"，它就好比是一天里下午的 2 点钟，热浪翻滚，比小暑的热更上一层，所以叫作大暑。

大暑时节，世间万物充满着勃勃生机。《管子》里说"大暑至，万物荣华"，人言苦夏，对植物而言却是乐夏，因为此时它们能够吸收充足的雨水与阳光，成长为最美好、丰满的样子。

和植物一起，在共同的大暑天，以同样郑重的心思投入生活，期盼着那一份到达终点前的小收获。

销暑

唐·白居易

何以销烦暑，端居一院中。

眼前无长物，窗下有清风。

热散由心静，凉生为室空。

此时身自得，难更与人同。

大暑

寻一处清凉
做个无事小神仙

大暑，给身体来一次彻底排寒

大暑，通常会挨着三伏的中伏，是一年中最炎热的日子，也是驱散寒气最好的时候。

中医讲"虚则生内寒"，我们的五脏六腑之所以有寒气存在，根源在于体虚，也就是阳气不足。

阳气是温煦五脏六腑的小火把，阳气不足，五脏六腑的热量不够，体质就会偏于虚寒。

如果这时候再遇上外界的寒气，比如吃进去各种冷饮瓜果，以及无处不在的空调等，两寒交杂，寒气就会在五脏六腑扎下根，变得难以对付。

寒气停留在皮肤、肌肉时，出现各种身体不适，像感冒、咳嗽等都是短暂性的。及时排出寒气，做好保暖就会舒服很多。可是，如果寒气入侵至五脏六腑，单纯的散寒就不太管用了，而需要长期的规律生活以及饮食调理。此时会有这些症状：

●痛经——"寒凝血滞"，寒气阻碍了气血运行。

●长期胃痛、拉肚子，小肚子凉凉的——脾胃处堆积了寒气。

●过敏以及各种皮肤病——寒易伤阳，导致免疫力不足。

● 一喝水就想上厕所，而且小便清澈无味——寒气转移到了肺脏，身体处理水分的功能下降了。

如果你有 1 条以上的症状，就说明体内的寒气已经堆积很深了，需要及时处理。

调理的方法，除了要将体内深藏已久的寒气排出外，还要补阳气。需要注意的是，这里的补阳气指的是补脾阳。

不少人可能会疑惑，为什么是补脾阳而不是补肾阳？因为对于年轻女性来说，更容易脾阳虚而不是肾阳虚。肾阳是身体的根本，大多数时候，它是随着年龄的增长而被逐渐消耗的，很难真正伤害到它。而现在的女性由于平时的不良饮食习惯以及生活方式，像喜好吃辛辣滋腻的食物、经常熬夜、思虑过多等，更容易使脾阳受到损伤。

脾是后天之本，居于我们身体的中央，上下左右的沟通都需要它。换一句话说，只要脾阳充足，我们全身的阳气都会得到源源不断的补给，所以日常呵护主要以补脾阳为主。

晨起吃伏姜，给五脏六腑散散寒

《食宪鸿秘》上记载了一道很适合大暑吃的食物，叫作"伏姜"。它可以借助姜特有的辛香之气，在夏日里帮助我们驱散五脏六腑中的寒气。

古人一直有大暑晒伏姜的习俗，可以借大自然的热力，让姜更好地发挥效用。晒好的伏姜，可以每天早上搭配米粥一起吃，一直吃到出了三伏为止。

伏姜的制作主要有两个步骤，一是腌姜，二是将腌姜与其他材料混合搅拌。

腌姜用到的材料主要是生姜和白醋，我一般选用嫩姜，它的性味更温和。两者搭配在一起：一方面，可以借由醋的酸味缓和姜的辛散之气，让姜的味道更加平和，吃起来不会太冲；另一方面，也可以将姜的发散之力收回五脏六腑，更好地驱散体内的寒气。

除此之外，伏姜中还会加入花椒末、紫苏、杏仁、酱油。

花椒入脾、肺、肾经，紫苏归肺、脾经，两者都是发散之物，能够配合姜，给体内的阳气鼓劲，将散寒的功效遍及上中下三焦，驱散五脏六腑的寒气。如果买不到紫苏，也可以用薄荷代替，效果也不错。

杏仁有甜杏仁与苦杏仁之分，我会更推荐甜杏仁。它的滋润性比较强，主要是负责调和姜、花椒、紫苏的辛散，使伏姜更加平和。

酱油是常用的调味品，有除热去烦的功效，能解夏日的烦热。

做好的伏姜，性味平和，除了阴虚火旺、内热重的人之外，不管是孕妇还是小孩子都可以适当吃一些。

伏姜

嫩姜 .... 150 克

白醋 .... 适量

花椒末 .... 1 勺

紫苏 .... 50 克

甜杏仁 .... 20 克

酱油 .... 2 勺

做法

01 把嫩姜切成薄片。烧一锅开水，将嫩姜焯一下（10 秒钟左右），防止其在腌制过程中变质。

02 嫩姜捞出后，控干水。放入碗中，倒入白醋，大概到没过姜的位置，腌制 2~3 个小时。也可以提前隔夜腌制。

03 烧一锅开水，将紫苏焯水，沥干切碎。甜杏仁压碎备用。

04 将腌制好的嫩姜取出沥干，与花椒末、紫苏碎、甜杏仁、酱油一起搅拌均匀即可食用。多余的部分可以晒干后放入罐子中保存。

伏姜可以一直吃到出了三伏

　　把做好的伏姜放在鼻子底下，很容易闻
到一股浓郁的辛香气。咬一小口，会感觉到
酸、辣、麻的味道在口腔里交织，简单直接却
滋味悠长。在困倦的早晨吃几片，精神就会
变得很爽利。

晚上贴肚脐贴，给身体补充脾阳

晚上睡觉时，建议大家贴上补充脾阳的肚脐贴。它是南怀瑾老先生在《我说参同契》里记载的一个方子，因而又被称为南怀瑾肚脐贴。

将桂圆肉、花椒、艾绒捣烂，以 2 ∶ 1 ∶ 1 的比例混合在一起，融合成绒状，睡觉的时候敷在肚脐上，再用胶带封上。

肚脐贴属于脐疗的一种。清代医家吴师机《理瀹骈文》在讲到脐疗时说："中焦之病，以药切粗末炒香，布包敷脐上为第一捷法。"意思是，对于中焦脾胃的问题，肚脐贴能够以最快的速度缓解身体上的不舒服。

不仅如此，肚脐贴还能够"转运阴阳之气"，补充全身的阳气。

肚脐又叫"神阙穴"，它内联五脏六腑，外联四肢百骸，并且此处皮肤最薄，能够很好地吸收药物本身的气息。可以说，只要肚脐处补充好了阳气，全身的阳气就可以快速充盈起来。

使用肚脐贴时需要注意：

①肚脐贴药力猛，如果担心贴肚脐贴上火，可以把肚脐贴贴在脚底涌泉穴的位置，引火下行。②肚脐贴有行气活血的作用，孕妇不建议贴。③女性经期月经量大的话不建议使用。④阴虚体质者，或是小孩子积食、发热时不建议贴，容易上火。

一叶莲，大暑里的一抹清新

古人的大暑，是这样过的

大暑处于三伏中的中伏。白居易说："时暑不出门，亦无宾客至"，暑气逼人，实在不适合在室外游玩，于是世间万物皆是安安静静的模样，只有植物在肆意地生长。此时我们可以在家中做些什么呢？

吃热汤面

《荆楚岁时记》曰："六月伏日，并作汤饼，名为辟恶。"

汤饼其实就是汤面，伏日吃汤饼的习俗大约在三国时期就已经有了。它最初是面片汤，也就是将调好的面饼在手中撕成片，下锅煮熟，所以又叫煮饼。面食性微温，好消化，一碗热汤面吃下去，还能让人稍微出汗，达到驱邪排毒的功效。

少吃冷饮、瓜果

《食治通说》曰："夏月不宜冷饮，何能全断？但勿宜过食冷水与生硬果、油腻、甜食，恐不消化，亦不宜多饮汤水。

夏月里不宜吃冷饮、瓜果，这种说法并不是完全绝对的。如果在日常生活中能少吃辛辣油腻的东西，稍微吃点瓜果，身体也是可以自行运化这份寒湿的。不过，也不宜吃太多。

观赏萤火虫

李商隐诗云："不辞鹗鸠妒年芳，但惜流尘暗烛房。"

鹗鸠即杜鹃，流尘即萤火虫。萤火虫到了大暑的时候，会纷纷飞出芳草，摇曳着翅膀给夏夜中带来几点星光。古人在这时，为了避暑凉夏，也会纷纷走进山林之中，赏鉴这难得的只属于大暑的美景。

最好的时光，就是现在

大暑过后，夏日将尽。植物们像是知道这个消息，都铆足了劲在生长，仿佛在诉说：最好的时光不是过去或者未来，就是现在。

　　古人说:"秋者阴气始下,故万物收。"秋天的到来,意味着阴气逐渐生长,植物开始放缓自己成长的步伐,不再肆意地展露枝条,呈现出一副安静、内敛的模样。

　　但这种安静并不代表死寂。植物潜藏在地底的根部开始储备养分,将精华传递到枝头,预备迎接丰硕的果子。

　　所以你会发现,到了秋天,万物都变得成熟起来。人们更愿意待在室内,阅读或是交谈,有条不紊地安排着自己的生活。秋意让人们开始收敛,更加关注自己的内心,呵护身体的冷暖。

　　让我们慢慢地融进秋天,在这个季节里有所收获。

立秋

立秋，《月令七十二候集解》里说"物于此而揪敛也"，世间万物到了这一天，便开始慢慢收敛起来。

暑气虽仍在盘旋，但庆幸的是，风却不再只是充斥着热气，还会带着几分凉意。

据说宋朝皇宫在立秋这一天，会把栽种在盆里的梧桐移进殿内，等到"立秋"时辰一到，太史官便高声奏道："秋来了。"奏毕，梧桐应声落下一两片叶子，寓报秋之意。

报秋，其实是在提醒我们即将有所收获呀。明明感觉夏天还在，秋天却已经悄悄来了，便不由地生出一丝满足和开心。人们在春夏投入的所有努力，在不知不觉之间，也快到迎接收获的时刻了。

立秋

宋·刘翰

乳鸦啼散玉屏空，一枕新凉一扇风。

睡起秋声无觅处，满阶梧叶月明中。

立秋

热乎乎的天气
让秋天也「熟」了

立秋，第一步要做的是清肺火

从立秋开始，我们呵护身体的重点要从"养心"慢慢调整为"养肺"。

肺的特性是喜润而恶燥，非常害怕燥气骚扰。秋天的天气都偏干燥，所以秋天"养肺"是为了防止秋燥伤肺。

再加上肺气与秋相通，肺气不仅能够推动气血津液，滋养五脏六腑以及外表的肌肤，还能帮助身体排出废水和废气。

养肺分为"清肺"和"润肺"两部分。立秋要做的主要是"清肺"，也就是让肺脏恢复干净的状态。

立秋还处在三伏期间，很多地方暑热依旧。在中医看来，暑热属于温邪。清代医家叶天士在《温热论》中提到，"温邪上受，首先犯肺"，这些温邪入侵身体后，首先伤害的就是肺脏，大量的内热堆积在肺脏，出现肺火的情况。

说到这里，你可能会问：为什么是先伤及肺脏呢？因为肺脏是身体面临外邪的第一道门槛。肺与卫气相关，很容易受外邪所伤。

中医在讲肺时，习惯在后面加上"卫"，称它为"肺卫"。这里的"卫"指卫气，是阳气的一部分。《黄帝内经》里说："卫气者，所以温分肉，充皮肤，肥腠理，司关合者。"意思是，卫气时常浮在人的体表，维持皮肤、肌肉的温度，以及抵御外邪的入侵。

但肺主气，卫气想要真正发挥这些作用，必须有赖于肺气的正常运行和指挥。一旦身体遭受了外邪的入侵，肺脏会第一时间开始运作，这便意味着它也是最容易受到伤害的地方。"肺是娇脏"的说法正缘于此。

所以，在各种温邪活跃的初秋里，许多人的身体都容易出现不适：

●嗓子疼。口腔是肺与外部接壤的地方，所谓"上先受之"，指的就是口腔会先被伤害。

●咳嗽，痰多，而且颜色较深、偏黄。肺气被伤，不能输送津液，导致水液停留，渐渐化作痰，又因为有火气，所以痰的颜色偏黄。

●大便干结。"肺与大肠相表里"，肺火冒出来后，大便也会受到影响。

●身体有燥热感。尤其是凌晨四五点，此时肺经当令，很容易感觉全身发热，胸口多汗。

立秋时节，需要给身体清清肺热，把肺打扫干净，到了深秋，女孩子们才能更有效地润肺养肤。

喝一碗立秋汤，清清肺火

如果你还想通过饮食的方式，为自己清理肺火，那么我会推荐你喝一碗立秋汤，它由沙参、百合、白扁豆、甘草这四味药材组成。

我之所以喜欢这碗汤，是因为它的性质平和，对肺脏的呵护十分温和。

要知道，在中医看来，肺为娇脏，不耐寒热，很容易受到伤害。所以不管是清肺火，还是润肺，在调理时都需要尽可能轻柔，在日常生活中一点一点地帮助它恢复正常运行。

立秋汤里，沙参是我很喜欢的药材，它长得白白胖胖的。在我小时候，妈妈经常拿它炖汤给我喝，沙参口感偏糯，非常好吃，我一口就能嚼下一个。

沙参入肺，是此时养肺最合适的药材，因为它不仅能够清肺热，还能滋养肺阴。《医学衷中参西录》记载，沙参"能滋肺者又腻滞而不清虚，惟沙参为肺家气分中理血药"，称赞沙参性质平和。

它一边能够让身体内的热气散发出去，一边还能给肺部滋补津液，所以吃完沙参后，我们不会觉得口干舌燥。

除此之外，百合能养阴润肺，常常与沙参配合使用，功效相当于在清理完肺脏之后，再给肺脏浇水，让它保持滋润的状态。

白扁豆有燥湿的功效，主要是防止水分过多形成湿气，让肺脏的"润"维持在合适的状态。

甘草能够调和诸药，缓和所有材料的性味，让这碗立秋汤变得更加平和，适合大多数人喝。

立秋汤

沙参.................. 9 克

百合.................. 9 克

白扁豆................ 4.5 克

生甘草................ 2 克

做/法

01 将沙参、百合、白扁豆用温水清洗一下，去除表面的灰尘。之后烧一锅开水，把它们倒入其中。

02 大火烧开转小火煮 30 分钟，过程中注意搅拌，避免粘锅。

03 加入生甘草，再煮 10 分钟即可。

立秋日，来一碗立秋汤吧

　　煮出来的立秋汤，颜色比较淡。尝了一
口后你会发现，它的回甘很慢，起初没什么
味道，但渐渐地会品出几丝淡淡的甜香，让
人觉得心满意足。

清肺呼吸法

外界的环境，不管是暑热还是湿气，都是不可控的。但在日常生活中，可以通过调动身体本身的机能，来发挥它应对外邪的作用，把身体调理到一个舒适、安逸的状态。

在中医看来，肺司呼吸，它既可以吸入自然界干净、舒适的空气，也能够呼出体内的浊气，完成身体内部与自然的沟通。

所以，日常生活中如果能够呼吸得足够"深"、足够彻底，就可以把堆积在肺脏处的热气、浊气呼出体外，达到预防肺火的作用。

吸气的时候，要匀速、有节奏地进行深呼吸，运用腹式呼吸，让自然界的清气尽可能地充盈整个肺脏。之后再缓慢地吐气，尽量把气吐干净。这样，我们的肺脏会像气球一样，反弹后可以吸入更多的清气。

在时间上，一呼一吸之间，一般需要间隔5秒左右。在这5秒里，可以想象自己站在广阔的果园之中，嗅着果子散发出来的淡淡清香，让心情保持宁静。这样的深呼吸，一天做15~20分钟即可。

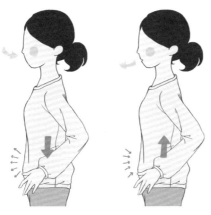

吸气时轻轻扩张腹部，呼气时收缩腹部，间隔约5秒

古人的立秋，是这样过的

让我们翻开古籍，看看那些懂得养生之道的古人们，是如何在秋天照顾自己的身体的。

夜里不露手足

《养生论》曰："秋初夏末，热气酷甚，不可脱衣裸体，贪取风凉。五脏腧穴皆会于背，或令人扇风，夜露手足，此中风之源也。"

在夏末初秋之际，天气依然很热，这个时候切忌过分贪凉。我们身体的五脏腧穴都在背上，如果晚上让空调、电扇对着后背吹或者袒露手脚，很容易让风邪侵入体内。

吞 7 颗赤小豆

《千金月令》曰："立秋日，取赤小豆，男女各吞七粒，令人终岁无病。"

立秋时天气还很热，如果雨水又多，加在一起便成了湿热，这个时候可以吃一些赤小豆。赤小豆与红豆不同，李时珍称之为"心之谷"，其功用为"生津液，利小便，消胀，除肿，止吐"。赤小豆呈细长形，颗粒比红豆小，除湿功效较强，可以供药用，调理身体。

跟着节气过生活

少吃西瓜

《法天生意》云:"立秋后十日,瓜宜少食。"

"瓜宜少食"的"瓜"主要指西瓜,这是因为西瓜性凉,伤脾胃,吃多了容易拉肚子。

"寒雨三两段,秋意几多凉",古人描写秋天时总爱蒙上一些伤感的色彩,但我却觉得秋天像是一个金色的梦。这梦里有麦子的暖黄、冷风的爽朗、桂花的馥郁,还有让游子产生无限思乡之情的圆月⋯⋯

桂花香,秋意浓

处暑

拾肆

《七十二物候集解》中说："处，去也，暑气至此而止矣。"处暑的到来像是一个休止符，止住了夏日的暑气。这段时间，尽管"秋老虎"的余威还在，但炎热的夏天俨然已告一段落了，渐渐有了秋日的氛围。

大自然对此是最有感知的，田野里的谷物都已成熟，变成了金黄、可爱的样子。我喜欢在这段时间，每天去楼下的公园里小坐一会儿，少了暑热，空气中吹来的风都柔和了许多，身体也能感知到些许凉意。此时的自己好似一棵随风摇曳的稻穗，顺应着时节的变化，内心也变得柔软起来。

处暑后风雨

宋·仇远

疾风驱急雨，残暑扫除空。

因识炎凉态，都来顷刻中。

纸窗嫌有隙，纨扇笑无功。

儿读秋声赋，令人忆醉翁。

处暑

暑气已经走了，
准备好正式迎接秋天了吗

处暑到了，可以开始小补了

到了处暑，终于可以正式给自己小补一下了。这个时候的补，不是贴秋膘、补肉食，而是专门给自己补虚、补气。一方面是把夏天亏空的能量赶紧补回来；另一方面也是在为接下来的深秋和冬天做准备，提前帮身体打好根基，避免沾染上外邪。

处暑是一个很特别的节气，它的到来意味着长夏和三伏到了尾声——真正意义上的暑天到这里才算结束。

古人说："一夏无病三分虚。"这里的"虚"指的就是这股暑热之气，损耗了身体的气。

《明医杂著·暑病证治》中记载："若夏月伤暑，发热，汗大泄，无气力，脉虚细而迟，此暑伤元气也。"处暑虽然是暑天的尾声，但天气依然十分炎热。这种炎热的天气，会打开皮肤的通道，导致人在出汗的同时，气也会跟着大量外泄。

因此，虽然在夏天，阳气看起来"蒸蒸日上"，但其实对于元气的消耗也不少。不少人在这段时间多多少少会觉得有点精力不济，出现一些不舒服的反应：

●脸色发黄，掉发增多，面容看起来很憔悴。

●晚上睡不好，白天打不起精神，记忆力下降。

●经常感冒，一遇冷风就不断打喷嚏。

●觉得累乏，四肢无力。

●稍微多说一些话或者运动一下，就觉得喘不过气。

这种虚如果不及时调理，等入冬之后，凉风稍微一吹，身体抵挡不住外邪，就很容易冒出小毛病。所以这个时候的补，刚好也是为身体重新打一次根基。

处暑时节，空气中的热气开始消散，阳气开始往五脏六腑回收，身体也调整为适合受补的状态。此时进补的食物可以快速被身体吸收。

所以一定要抓紧这15天时间，为自己好好补补元气。

生脉饮，适合处暑喝的小补茶

在处暑的时候，可以喝一款补茶，它来自药王孙思邈在《千金方》里的一个方子，名叫"生脉散"。它也叫作"生脉饮"，主要的材料有人参、麦冬、五味子，有补充气阴的作用。

生脉的"生"，取生发之意，古人认为血脉生生不息，生命因此旺盛。《内外伤辨惑论》在记录它时说道："故以人参之甘补气，麦门冬苦寒，泻热补水之源，五味子之酸清肃燥金，名曰生脉散。"

人参可以大补元气，填补我们耗损的气。麦冬可以养阴、清热、性质又偏寒，和人参组合在一起，不仅可以调和彼此的药性，还能让益气养阴的功效更加突出。最后的五味子，既可以辅助人参稳固元气，又能配合麦冬收敛阴津。三者缺一不可，最适合气阴两虚的情况。

生脉饮里，人参是占据主要地位的，但由于人参的品种很多，不少人并不知道如何挑选。在这里，我和大家分享一些常见的人参及用法。

林下参：最接近野山参的人参品种，也是人们常说的可以"大补元气"的人参，它比较温和，是日常调养身体就可以用的补品。

红参：人参的熟用品，火力大，劲头足，更适合常年手脚冰凉的人吃。

西洋参：又叫花旗参，它是国外的一种人参，有清热生津的作用，但性质偏凉，脾胃虚寒的人不太适合吃。

东洋参：从严格意义上讲，东洋参并不算是人参，它又叫牛蒡，常常作为蔬菜食用，有清热解毒的作用。

这四味常见的药材中，我最推荐的就是林下参，它性味温和，用它调配出来的生脉饮是日常就可以喝的小补茶。其他的参种：红参效力强，长期饮用很容易上火；西洋参的主要功效偏于滋阴；东洋参没有补气的功效，不太适合用在生脉饮中。

麦冬，我们可以选择浙麦冬或者川麦冬，挑选时注意闻一闻有没有异味，好的麦冬会带着一股自然的清香。

五味子，则主要是看颜色，一般色泽偏紫红色或红褐色的，品质就不错。

不只是炎热天气消耗过度可以喝生脉饮，日常生活中，如果感到有些疲劳，也可以给自己准备一杯生脉饮提提精气神。

需要注意的是，人参的补气作用很强。孕妇和哺乳期的妈妈不建议喝生脉饮。除此之外，小孩子天生阳气很足，也不适合喝生脉饮。

生脉饮

林下参片 .... 3~5 克

麦冬 .... 9 克

五味子 .... 4 克

做法

01 将林下参片和麦冬、五味子一起用温水冲洗一下，去除表面的灰尘。

02 把 3 种药材放进锅里，倒入 500 毫升清水。

03 大火烧开后转小火，煨 5~10 分钟即可。

生脉饮中的三味药材缺一不可

　　这样煮出来的生脉饮，味道会有点酸酸的。喜欢甜口的话，可以往里面加一点蜂蜜。如果没有条件煮的话，也可以用泡茶的方式，只是需要泡久一点，等待 20 分钟左右，待材料的药性被全部泡出来为止。

秋天艾灸，可以固摄阳气

除了生脉饮之外，大家还可以给自己做一下艾灸。

春夏艾灸，我们都知道是顺应阳气的生发；而秋季艾灸，则主要是为了固摄阳气。此时阳气耗散得多，需要艾灸扶持正气，帮助肾脏将阳气回收到体内。

秋天第一个要艾灸的穴位，就是涌泉穴。它是肾经首穴，肾主水，能够给身体补充阴津。艾灸涌泉，可以将外散的阳气拽回到肾水的位置，温暖下半身。

此外，还可以艾灸足三里穴，帮助生发胃气，增强脾胃的消化功能。艾灸与生脉饮配合起来，可以更好地运化气血，给予五脏六腑足够的滋养。

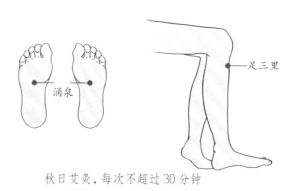

足三里

涌泉

秋日艾灸，每次不超过 30 分钟

秋天艾灸的注意事项：

①与夏天不同的是，秋天艾灸时长需要缩短，频率一周 1~2 次即可，给予身体缓和的时间。②秋天艾灸时，要多喝温水，可以在水中适当加一些蜂蜜，防止干燥。③处暑之后，凉意越来越深，艾灸过程中一定要注意保暖，灸完后不要立即洗澡，等待 1 个小时后方可。

艾灸时或艾灸后要多补充水分

古人的处暑，是这样过的

古语云："季夏德毕，季冬刑毕。"夏季过后，大自然已经倾尽所有能给予人的恩惠，天地也会从慈祥变为严厉，对此古人会通过一些特别的仪式来迎接处暑。

少吃辛辣食物，多吃酸味食物

《遵生八笺》曰："当秋之时，饮食之味宜减辛增酸，以养肝气。"

从五行来说：肺属金，主辛；肝属木，主酸。肺金克肝木，因此，在这段时间除了要好好润肺以防秋燥外，在饮食上也要适当减少辛味食物，而多吃一些酸味食物。这样可以好好保护肝气，以免被旺盛的肺气伤害。

略带酸味的橘子和秋天最为相宜

出游迎秋

处暑之后，秋意渐浓。古人有"七月八月看巧云"的说法，认为秋天的云彩疏散而活泼，比起夏季时成团的云朵更有观赏价值。此时正适合畅游，因此古人历来便有处暑后"出游迎秋"的习俗。

煎药茶

处暑之后煎药茶的习俗，是从唐代兴起的。处暑刚好是炎夏和凉秋的交替时段，所以人们会根据身体的反应，到药房配些药茶喝，以平和地过渡到深秋时节。宋代的大型综合类方书《太平圣惠方》中，就有专门讲药茶的段落。

处暑一到，天地间那种夏日的狂热日渐褪去，逐渐展现出丝丝温婉的气息，而万物也终于迎来了稍事休憩的时机。这段休憩能让我们欣赏到一年中最美的蓝天与白云，大自然以时令的变化告诉人们：给身体休息的机会也是一种顺应时节的养生方式。

爱自己

白露

《月令七十二候集解》中说："露凝而白也。"古人认为，露水的凝结是天气日渐寒凉的标志。此前的暑热已经安静地退居幕后，留下了足够宽广舒适的空间，供人们享受这难得的安逸。

率先感受到凉意的是水汽，它会在夜间悄悄地停留在花花草草上，凝结成晶莹的露珠。因此，白露是一年中最具诗意的节气。万物仿佛在这一天都变得透明了，闪烁着柔和的光辉。

白露

唐·杜甫

白露团甘子，清晨散马蹄。

圃开连石树，船渡入江溪。

凭几看鱼乐，回鞭急鸟栖。

渐知秋实美，幽径恐多蹊。

白露

万物在这天都变得透明起来，闪闪发亮

让肺顺畅工作，是对身体最好的滋养

从白露到霜降的这段时间是仲秋，也是秋天的第二个阶段。从这一天开始就可以正式为自己养肺了。一说到养肺，不少人开始跃跃欲试，准备熬炖各种秋季的汤水了。

但事实上，这是把养肺这件事简单化了——养肺不只是润肺，更重要的是调理好肺脏的功能。这样到了深秋，再稍微润一润肺，就可以过个舒服的秋天了。

中医也把肺称为"华盖"，华盖其实是古代帝王座驾上的绸伞。肺脏位于胸腔，像伞一样处于五脏六腑中的最高位置。这个位置有多重要呢？打个比方，从人类的角度看大自然，天是最高的。天上如果下雨，地上的各个角落都能得到滋润。以此类推，最高处的肺脏如果水分充足，那么五脏六腑（包括肌肤）便都能得到滋养。

因此，很多女孩想通过润肺变漂亮，这种思路是可行的。和贴面膜相比，这样才是真正给肌肤补了水，整个人都会变得润泽起来。想把水分输送到肌肤，需要靠肺的宣发作用。肺部在接收了脾、胃运化的水湿后，把它向上、向外输送到全身，最终抵达人体的肌肤。

不仅如此，身体在代谢过程中产生的一些浊液，也可以由肺及时将之向下输送到肾，然后转化为尿液，通过小便的方式排出体外。中医称这个过程为"肃降"，也就是肃清下降之意。

因此，一方面要有水液来滋养肌肤，另一方面体内的垃圾也要顺利排出去，这样人的皮肤状态才会变得好。再配合吃一些滋润的食物，才会水水润润，变得漂亮。

反之，如果肺的宣发和肃降作用失调，水液就会滞留在体内，既无法向上给肌肤输送营养，也不能很好地向下排泄。无法正常循环的水液堆积在肺脏，就会变成痰饮。这时人会觉得胸闷，提不上气，容易咳嗽，痰也比较多。

因此，如果打算直接在这一阶段润肺的朋友请先等一等。在白露这段时间把肺脏的功能调节好，才是当务之急。

白露粥，给身体补补肺气

白露的时候，我会给自己煮一碗白露粥。这碗粥的材料是在秋天刚好成熟的白果和莲子。它们补肺气的功效很强，可以从内部提振肺脏的功能，让肺的宣发、肃降更加有力。这碗粥也很平和，小孩和老人都可以吃一点。

白果是我最喜欢的果子之一。小时候，我家楼下刚好有一棵银杏树。一到秋天，我就会跟小伙伴们一起去摇银杏树，开心地看着小果子在地上滚来滚去。我对秋天最深的记忆是揣在兜里的热烘烘的炒白果。老人们习惯把白果叫作鸭脚子，因为银杏树的叶子像鸭脚一样，中间会有个小分叉，十分可爱。

白果是秋天的专属食物，有补肺气的功效，《本草纲目》中就特别指出它能"益肺气，定咳嗽，缩小便"。白果很特别，因为味酸涩，所以收敛功效特别强，能够一边补肺气，一边将肺气好好保存，真正把肺气补进去。在我的老家，有经验的老人都知道，咳嗽时吃一点白果，止咳效果是极好的。

正因为白果的功效太强了，所以需要多煮一会儿，使其功效得以缓和。因此做白露粥的时候，大约放 7 颗就可以了，煮给小孩子喝时数量还要减半。

此外，可以加一点陈皮，因为陈皮有理气的功效，不至于让肺气滞留于体内，也能让这道粥更加平和。我通常会选择川陈皮，它是药典里最早记载的可以做陈皮的品种，其理气功效更加温和有力。

白露粥里的莲子本身就是补脾的，一方面能促进脾胃的消化功能，另一方面，也因为脾土生肺金，当脾胃补好了，也算是间接地补了肺气。糯米也是补肺气的食物，它味道甘甜，很适合做粥喝。

在原料的挑选上，一定要选没有什么斑点且颜色比较亮的新鲜白果。在买白果的时候，可以放在耳边稍微摇一摇。如果听不到声音，就说明它的果仁比较饱满，口味会更好。

莲子中的莲心口感偏苦，一般带芯的莲子会多一重清热去烦的功效。如果你觉得自己没上火，那么可以去掉莲心。

白露粥

新鲜白果 .... 7 颗

莲子 .... 15 克

陈皮 .... 5 克

糯米 .... 100 克

做法

01 将去壳的新鲜白果的果衣、内芯去掉，将莲子、糯米提前用冷水泡 1 个小时，若是新鲜的莲子则无须浸泡。

02 把白果放进沸水里焯一下，以去除白果的苦涩味，5 分钟左右即可。

03 烧一锅开水，把焯好的白果煮 30 分钟，充分将白果的营养煮出来。

04 将莲子、陈皮、糯米一起下锅，煮到软烂即可。

白露粥是秋天的专属美味

因为加入了糯米，这道粥的味道非常香糯。陈皮的香气若隐若现，让粥变得香甜又清爽。吃的时候，嚼着莲子和白果，软糯的口感加上香香的气息，好像真的把秋天的清爽都吃进了肚子里。

刮肺经，帮助肺脏更好地工作

适合秋天调节肺功能的方法还有刮痧，它不止能"通"，而且能"补"。通过刮痧梳理肺经，可以帮助肺脏宣发和肃降，将浊气排泄出体外后补足肺气。

白露时候刮痧，主要刮的是肺经。平日里，我要是有咳嗽、喘不上气的小毛病，就会刮刮肺经。每次刮完，我都会感觉全身上下像被打开了一条通道，也不会再鼻塞。

刮痧前，需要准备好刮痧板与刮痧油。我比较偏好木质刮痧板，它的触感更好，天凉的时候使用不会感觉冰冰的。如果你没有刮痧油，可以用精油或身体乳代替，能够起到滋润肌肤的作用。

刮痧时，先在肺经上涂上刮痧油。肺经主要集中在手臂上，大致在从大拇指到胸前的位置，可以从上往下刮，最后刮到鱼际穴或少商穴。力度要轻柔，遇到痛的地方稍微用一点力，能刮出痧点就更好。刮完后，需要隔三四天再刮。

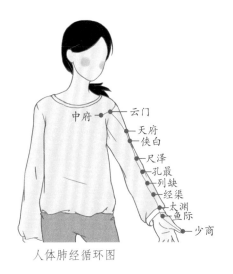

中府 —— 云门
天府
侠白
尺泽
孔最
列缺
经渠
太渊
鱼际
少商

人体肺经循环图

　　刮痧后，可以喝一杯热水，帮助邪气排出，身体也会比较放松。但是刮痧后最好不要立即洗澡，因为此时人体的毛孔已经打开，湿邪、寒邪很容易侵入。

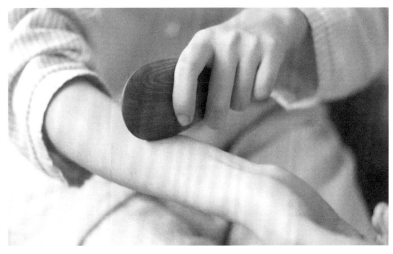

秋天刮痧可以用木质刮痧板

古人的白露，是这样过的

白露时节已属仲秋，诗圣杜甫有感于秋天的变化，写下了"露从今夜白"的名句。对于古人来说，白露时节虽然秋意渐浓，容易让人产生悲秋的情绪，但也是欣赏美景、品尝时鲜蔬果的好时节。

喝白露茶

"白露茶"指的是白露时节新摘的茶叶。它经过春夏的酝酿后，到白露才采摘下来，有属于自己的独特味道。对于古人来说，喝白露茶是应季的行为，能够润肺，防止秋燥伤身。

食秋藕

白露一过，市面上新鲜的秋藕便多起来了。俗话说，荷莲一身宝，秋藕最补人。此时的藕香甜白嫩，肥硕鲜美。生食可以消瘀凉血、清热止渴，有开胃的作用；煮熟了吃可以健脾和胃、养心安神，有通气的作用。李时珍在《本草纲目》中这样评价藕："医家取为服食，百病可却。"

白露是一个富有诗意的节气，有着秋季的绚烂之美。晶莹剔透的露珠，就像给大自然披上了一层丰盈的雾水，一个水润润的秋天，就从现在开始了……

绚烂的秋

秋分

一个"分"字，就把秋天分成了两半。秋分有两层含义，一是日夜时间均等，一是气候由热转凉。至此，秋天已经过去了一半，越往深处走，越能感觉到深秋那种绚丽与寂寥交接的复杂美感。

秋分是秋天最美的时节了。桂花肆意地绽放，落叶铺洒在街道两侧。闲暇的时候坐在窗台前看看书，便能感受到，偶尔吹过的凉风中有按捺不住的桂花清香，闭着眼睛深呼吸一下，再多的忧愁，都会融化在秋意中。

夜喜贺兰三见访

唐·贾岛

漏钟仍夜浅，时节欲秋分。

泉聒栖松鹤，风除翳月云。

踏苔行引兴，枕石卧论文。

即此寻常静，来多只是君。

秋分

秋天被分成了两半
到处都是浓得化不开的秋意

秋分防燥，主要是防凉燥

随着秋意渐深，人体内的气血开始往回收，体表因为失去气血濡养，很容易出现秋燥的情况。秋燥有温燥和凉燥之分。白露时节主要表现为温燥，而秋分过后，便是凉燥了。

秋天走到秋分，太阳离北半球越来越远，地面散失的热度增加，寒意明显加快了步伐。所以老人们常说"一场秋雨一场凉"，每下一次秋雨，就需要注意添衣保暖。

体虚、湿气重的朋友，在这种大环境的影响下，比普通人更容易感觉到"干燥"。

因为这些人大多正气比较虚，身体抵御不住寒邪的入侵。寒有"凝滞、收引"的作用，当身体遭遇到寒邪时，津液会受到影响，匆匆忙忙地开始回缩、凝滞，导致体表缺少津液的濡养，表现出"燥"的症状。

比起温燥来说，这种凉燥实质上是源于津液没有散布到该去的地方。所以，大家会觉得皮肤、头发干燥，五脏六腑却不燥，不会出现温燥那样心烦口渴、容易便秘的症状。

因为凉燥有这样的特点，如果选择继续滋补的话，反而会加重津液凝滞的情况，出现以下症状：

● 部分津液堆积。

直接的反应就是咳嗽。与温燥干咳、痰偏黄浊不同，凉燥咳嗽的痰更多一些，也比较清稀、偏白，这是因为散不出去的津液会堆积到肺脏。肺脏主管卫气，负责浮在体表抵御外邪入侵，因此受寒气影响回收的津液，会首先堆积到肺脏。于是，肺脏中局部没用的津液慢慢变多，就会化成痰饮。当身体感知到这一变化，为了保护脏腑，就会不停咳嗽，以排出痰饮。

● 需要津液濡养的地方，却接收不到津液。

和温燥一样，凉燥也会导致我们的肌肤、毛发变得干燥。但由于其内里是不燥的，所以会有属于自己的特点：

①比起温燥的怕热，凉燥时反而怕冷，因为肺脏没办法输布足够的气血到体表去抵御寒邪。②虽然口、鼻干燥，但很少会觉得口渴。③仔细看舌头，是淡粉色的，上面很少有水分，舌苔也是偏于寒相的薄、白。

所以，想要调理凉燥，主要分为两步。第一步，以辛温为主，从内到外推动津液的运行，实现"润"的效果。第二步，注重理肺，恢复肺脏宣发、肃降的作用，以化解堆积在肺脏处的津液，更好地滋养身体。

一杯杏苏茶，调理凉燥的小茶饮

如果你已经感觉有轻微凉燥的状况，就可以准备一份杏苏茶。它的材料比较简单，只有杏仁、紫苏、甘草，是根据《温病条辨》中专门调理凉燥的"杏苏散"调整而来的，药效很温和，适合当作日常的茶饮。

我一般是在早晨的时候喝。秋天的清晨凉意足，走出门外难免会被寒风吹到，出现轻微的凉燥情况。这时为自己泡一杯杏苏茶，可以轻轻松松地宣解体表的寒气，让肺脏重新工作起来。

方子里的杏仁，入肺经，《本草纲目》说它"能降能升"，调理肺气很全面，同时具备了宣肺又降肺的功能。就像给身体打开一个孔，不仅能吸入新鲜空气，还能排出体内的浊气，帮助肺脏恢复功能，化解堆积的痰饮，达到止咳的功效。

杏仁有甜杏仁和苦杏仁之分，因苦杏仁有微毒，所以要选择甜杏仁。它更温和，适合日常食用，而且润肠通便的功效会更强一些。

紫苏,《本草经义》讲它"为发生之物,辛温能散"。秋天吃紫苏,可以借助紫苏发散的功能,给阳气鼓鼓劲,疏散寒邪。

　　紫苏其实是一种常见的蔬菜。杂记《武林旧事》里就记载过一款用紫苏制作的茶水,称为"紫苏饮",是当时杭州街头巷尾最流行的汤饮。据说宋仁宗还曾命翰林院评定汤饮高下,紫苏饮被评为第一,可见人们对它的喜爱。

　　甘草有调和诸药的作用,可以让茶饮变得更加平和,使用起来没有太大的禁忌。这样,孕妇、哺乳期的妈妈、小孩子都可以适当喝一些。

杏苏茶

甜杏仁............... 9 克

紫苏................. 9 克

甘草................. 3 克

做法

01 将紫苏稍微清洗一下。若买不到新鲜的紫苏，可以直接到药店买干的紫苏，但分量需要减半。

02 烧一锅开水，将甜杏仁和紫苏一起倒入锅中，煮 4 分钟左右。

03 加入甘草，煮 1 分钟后即可饮用。

温和的杏苏茶

　　杏苏茶的香气很浓，这是属于紫苏的
香，但喝起来味道却不会太浓郁，还能品到
一丝丝甘草的甜味。

按摩这三个穴位，强壮肺气驱凉燥

凉燥是外邪，除了饮食之外，日常生活中也可以搭配按摩穴位，调动身体本来的防卫力量，强壮肺气，更好地抵御外邪，缓解因为凉燥而带来的身体不适。

大椎穴：抵御寒邪

大椎穴是纯阳之穴，人体一身的阳气都从大椎穴发出。搓揉大椎穴，可以提振阳气，让身体出点微汗，顺势将体表的寒气排出。

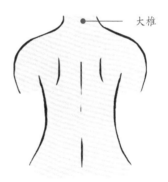

大椎

揉搓大椎穴，每次大约 5 分钟

我一般是搓揉大椎穴 5 分钟，感受到热度后就会停下，休息一会儿，再进行第 2 次。如果不方便搓揉，可以在洗澡的时候，把淋浴喷头对着穴位冲刷 5 分钟，也能有同样的效果。

中府穴：调理咳嗽

中府穴是手太阴肺经的穴位，此穴为中气所聚，又为肺之募穴，藏气结聚之处。尤其是咳嗽，觉得嗓子堵着、上气不接下气的时候，可以揉按中府穴。

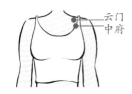

按摩中府穴的时候，可以往上推到云门穴的位置，一共 100 次。如果燥得厉害，推按这里会有明显的痛感，但当把浊气推开以后，胸口处就会很舒服。

按摩中府穴的时候，可以往上推到云门穴的位置，一共 100 次

合谷穴：缓解口干、喉咙痛

合谷穴，也就是常说的"虎口"。中医认为"面口合谷收"，意思是，面部与口的不舒服，不管是口干、喉咙痛，还是头痛发热，按摩合谷穴都可以缓解。

按摩合谷穴的时间和大椎穴一样，每日按摩 2 次，每次 5 分钟。休息一会儿继续按摩第 2 次，效果会更好。

每日按摩 2 次，每次 5 分钟

古人的秋分，是这样过的

古人说："金气秋分，风清露冷秋期半。"在这凉凉的秋天里，古人会通过做一些特别的事来调节心情，以便更好地迎接深秋。

秋分吃秋菜

旧时的岭南地区一直有"秋分吃秋菜"的习俗，所谓"秋菜"其实是一种野苋菜，又被称为"秋碧蒿"，经常被人采回家煮鱼片汤喝。这种野苋菜性质微寒，有止泻的功效。由于秋天的天气变化比较大，很多人容易腹泻，这时就可以适当吃些野苋菜来调理。

粘雀子嘴

秋分在古时是一个节日，在这天要吃汤圆。古人还会把汤圆用竹签叉好，放在田野里供给鸟雀吃，名曰"粘雀子嘴"。据说这是为了避免鸟雀破坏庄稼，影响来年的收成。

减苦增辛，助筋补血

《摄养论》曰："八月心脏气微，肺金用事，宜减苦增辛，助筋补血，以养心肝脾胃。"

秋分过后就进入了深秋，可以适当吃一点辛味食物，借助其发散功效，防止肺气收敛太过。与此同时，还要保持平和的心情，应对秋天引起的情绪变化。

秋分是秋意最浓的时候，这会儿各种可爱的果子也已经成熟了：石榴、柿子、无花果……山林之上，天空很蓝，云朵也变得特别美，美得让人没有更多欲求，只想和自然美景一起虚度。

寒露

寒露，轻轻默念这两个字，唇齿之间便弥漫起按捺不住的凉意，我想谁也无法阻止一颗露珠的凝结。白露的含义是"露凝而白"，而寒露已是"露气寒冷，将凝为霜"的时节了。白露与寒露之间隔着秋分，即使隔了若干时日，也挡不住那一份凉意的递进。

我把寒露视为"秋中之秋"，古人认为"夫阴气胜则凝为霜雪，阳气胜则散为雨露"，露代表润泽，霜代表杀伐。寒露时节虽已多了一丝阴冷，但生命并未凋谢。此时的天空依然明净如水，落下的梧桐树叶即将化为春泥，滋养藏在泥土里的树根，农人在田地里忙碌地播撒小麦的种子。这一切，恰好是"碧云天，黄叶地"中描述的美丽景象。

初到陆浑山庄

唐·宋之问

授衣感穷节，策马凌伊关。

归齐逸人趣，日觉秋琴闲。

寒露衰北阜，夕阳破东山。

浩歌步榛樾，栖鸟随我还。

寒露

秋意渐渐深了
身边一直有暖暖的幸福

寒露，要为秋冬进补做好准备

到了寒露，整体气温就降下来了，好多人也开始念叨起要准备给自己进补了。对此，我建议延后到霜降再开始，因为那时天气更冷，阳气在体内藏得更深，进补的食物也更容易被吸收。寒露这段时间最好留出来帮自己清清身体，这是在进补前一定要做的事情。

清理身体就是把体内堆积的各种积食、湿热、瘀血等清一清，帮助脾胃减轻一些负担，以便之后的进补。现代人体质多瘀滞、湿热或痰湿，而秋冬进补多为滋补，各类膏方药性都比较厚重，偏滋腻，不太容易消化。在吃这类进补东西之前，大家可以先看看自己的舌苔。如果舌苔厚腻，那就说明体内多湿热、痰湿，或是脾胃运化功能不太好，这样就不要先急着进补了。

寒露，是提前清理身体的好时节。不管是准备进补还是已经在进补的朋友，最好都能重视寒露这段时间，做好准备工作。

清理身体，最主要的就是清理瘀血和积食了。湿热、痰湿都和脾胃运化功能不好有关，因此养护好娇贵的脾胃是此时的重中之重。

麦果香茶的配方很简单，但每一样材料都大有用处，缺一不可，能在养护脾胃的基础上，帮助清理身体。

说到活血化瘀，就不得不提到山楂。《食鉴本草》里把山楂的功效总结得清楚明了："化血块、气块、活血。"山楂是秋天当季的鲜果，但由于南北山楂成熟的时间不同，如果买不到鲜果，也可以去药房抓干山楂来用。

麦芽有消积食的功效，尤其善于消化大米、面条、红薯等淀粉类食物。麦芽和普通大麦不同，它是大麦粒经水浸泡后长出一点芽后晒干制成的。麦芽有生发之气，能疏肝理气，可以间接养护脾胃。

陈皮有理气健脾、燥湿化痰的功效，脾虚、湿气重、容易拉肚子的人很适合喝陈皮水。咳嗽痰多、消化不良、食欲不振的人，也可以泡陈皮水喝。

总之，这壶麦香果茶的配料可谓"黄金搭档"，可以好好清一清平时吃的火锅、小龙虾、烧烤等油腻、辛辣食物残留的积食与痰浊。

一杯麦果香茶，消食轻身

麦果香茶

材料

山楂 .... 10 克

麦芽 .... 10 克

陈皮 .... 1 块

做法

01 将山楂洗净，和麦芽、陈皮制成茶包，一起放入杯中。

02 倒入开水，加盖泡 30 分钟后即可饮用。

一壶麦果香茶，同时具备消食、化积、健脾的功效

　　麦果香茶刚入口的时候，能明显尝到山
楂的酸味，但在酸味之中又带有一股甘淡的
麦香味。陈皮的味道则特别醇厚，要喝到最
后才能品尝出来。

古人的寒露，是这样过的

寒露有三候：一候鸿雁来宾，二候雀入大水为蛤，三候菊有黄华。

"菊有黄华"的"华"是指花，世间草木几乎皆因阳气而开花，独有菊花因阴气而开花。如果说菊花是清秋的第一风物，应该是没有人会反对的吧？

寒露节气一到，菊花就开始慢慢绽放。古人每到这个时候也必定会赏菊，如果你在这秋高气爽的时节恰好有清闲，也可以和古人一样，欣赏一下菊花的清逸之姿。

园中赏菊

《遵生八笺》曰："秋来扶杖，遍访城市林园，山村篱落。更挈茗奴从事，投谒花主，相与对花谈胜，或评花品，或较栽培，或赋诗相酬，介酒相劝，擎杯坐月，烧灯醉花，宾主称欢，不忍执别。"

赏菊是《遵生八笺》里记载的"秋时十二赏"之一。菊花在古代为花中之隐者，寻常巷陌并不多见。想要欣赏到姿态最清逸的菊花，就必须走访城市里的各处园林，甚至到山村才有可能会看到，可谓"可遇不可求"。有幸遇见养菊的人家，就要由随从向主人投递花帖后才可以进园赏花。在满园的菊花清香中与主人一起饮酒赏月、赋诗吟咏，真乃秋天的一大乐事。

菊，花之隐者

食金饭

古人赏菊，也会食菊。菊花的味道清冽通透，有清热败火的功效，很适合秋燥的气候。《山家清供》里记载了不少用菊花做的美食，其中我最喜欢的一道美食是"金饭"。

书中记载了其做法："采紫茎黄色正菊英，以甘草汤和盐少许焯，饭少熟投之同煮。"也就是说，采集一种紫茎的黄色菊花，用甘草煮水后加一些盐进去，再把菊花放到水里焯一下，捞起来与将熟的饭一起煮即可。

菊花的味道清冽通透，有清热败火的功效

喝菊花酒

除了以菊花入饭，古人还会用菊花来泡酒。《圣惠方》里有一种酿制菊花酒的简单方法："甘菊花晒干三升，入糯米一斗，蒸熟，菊花搅拌，如常造酒法，多用细面曲，候酒熟，饮一小杯，治头风旋晕等疾。"

秋高气爽的夜晚，烫一小壶菊花酒，一边赏月，一边喝酒，也算是雅事一桩了。

二十四节气里，很多节气都是简单、直接地用"小"与"大"来命名的。但与露水有关的节气，古人却全部赋予了颜色和温度。"寒露"这两个字，一定是寒凉的，或泛着水色，或覆着霜意。

霜降

霜降一到，秋天就要画上句号了。古人认为霜代表着杀伐，霜降之后就是残秋了，寒风带动着枯叶一片片地往下落，世间万物都呈现出一副颓败的美感。

霜降并不意味着萧索，而是大自然给予生命的最后一波丰收，让人们还有机会努力为即将到来的冬藏做准备。

霜降期间，我出门遛弯时常发现，市场上堆积了好多可爱的果子，尤其是被霜打过的柿子，看起来格外娇嫩。买一两个回家品尝，清甜的滋味会给予身体很好的慰藉。

九日登李明府北楼

唐·刘长卿

九日登高望，苍苍远树低。

人烟湖草里，山翠县楼西。

霜降鸿声切，秋深客思迷。

无劳白衣酒，陶令自相携。

霜降

经「霜」后，各种果子
甜得就像撒了一层糖

霜降时节，固卫气

每到秋冬季节转换的时期，我都要提醒大家，要注意"固"卫气了。因为寒气入侵身体，最先伤到的就是卫气。

卫气属于阳气的一部分，就好像身体的卫士一样，时常浮在体表帮助身体抵御外邪，可以理解为"免疫力"。

当卫气能够正常发挥自己守卫的作用时，身体就算被寒风入侵，也只是打几个喷嚏而已，即使感冒了也可以很快痊愈。

一旦卫气虚弱了，不能固守在体表，外界的寒气就会乘虚而入，或是从肌肤上，或是从口鼻处，钻进身体，扰乱气血的运行，使身体出现各种各样的不适：

● 变得疲劳，老是想要睡觉，稍微运动一下就会气喘吁吁。

● 不闷热、不运动的时候，也会容易出汗，也就是中医讲的"自汗"。

● 免疫力下降，容易反复感冒，很久都不好。

● 过敏体质的人，季节转换的时候很容易过敏。

● 被冷风一吹就容易打喷嚏、咳嗽，皮肤上出现细细密密的小疙瘩。

以上 5 条中,如果你有 2 条符合,就可以判定是有卫气不固的情况。

你可能会问,为什么我的卫气会变虚弱呢?主要原因有两个。

一、本身就是阳虚体质的人。阳虚、经常感觉手脚冰凉的朋友,阳气本身就少,身体判断出这一点后,会自发地把阳气供给最需要的脏腑,比如心脏,不能分出多余的能量给卫气,从而出现卫气不固的情况。所以阳虚的朋友会怕冷,就算是大夏天,也把自己裹得严严实实的。

二、产后或者生病了。这部分朋友,可能平时阳气没有特别虚弱,但因为生育或者生病,身体为了修复损伤,短时间内消耗大量元气,不能及时地供给卫气能源,导致很容易被外邪骚扰。民间有坐月子的习俗,实际上就是为了防止外界的邪气入侵产妇们的身体。

针对卫气不固,最需要做的事情就是帮助卫气恢复守卫的作用。有两个步骤:第一步,为自己补气。这相当于招兵买马,给身体补充后援能力。第二步,把身体防护起来,抵御外邪。

玉屏风茶，益气固表的小补茶

如果你有卫气不固的情况，建议为自己准备一壶"玉屏风茶"。

它最早出自宋代医家张松的《究原方》，有益气固表的作用，不仅可以给身体补气，还可以像"屏风"一样抵御外邪，古时为散剂，因此取名叫作"玉屏风散"，名字雅致而有趣。

玉屏风茶是由三味药材组成的，分别是黄芪、白术以及防风，性质很温和，是日常可以喝的小补茶。

茶方里的黄芪性温，有补气的作用。与同为补气药，但主要补五脏之气的人参不同，黄芪是专门补卫气的，它走肌表，补气的速度很快，就像是战场上的先行军一样，偏向于"守"，可以快速地把身体调整到应对外邪的最好状态。

金代著名的医家张元素对黄芪的药效总结得很全面。他说："黄芪甘温纯阳，其用有五：补诸虚不足，一也；益元气，二也；壮脾胃，三也；去肌热，四也；排肿止痛，活血生血，内托阴疽，为疮家圣药，五也。"

但凡气弱体虚的人都可以用黄芪来补充能量，增强免疫力。苏东坡谪居密州时，生了一场大病，就是每天用黄芪粥来补养才得以痊愈的。

白术，《本草汇言》说它"脾虚不健，术能补之，胃虚不纳，术能助之"，即主要补脾胃之气，可以滋养脾胃，让脾胃恢复运行。同时，它可以辅助黄芪，为卫气提供源源不断的能量。

防风，有解表的作用，可以把身体防护起来，避免被外邪所伤，最擅长解决外感风寒导致的头痛、身痛、关节冷痛、拉肚子等身体不适。

向内滋养

玉屏风茶

材料

黄芪.....................4 克

白术.....................4 克

防风.....................2 克

做法

01 把黄芪、白术、防风稍微用温水冲洗一下，除去表面的杂质，晾干后投入壶底。

02 往壶里倒入 1/5 左右的开水，等待 5 秒左右，再将茶壶倒满，等待 20 分钟左右即可饮用。

听起来就很雅致的玉屏风茶

　　看着茶水的颜色渐渐变深，浮躁的心也慢慢平静。黄芪、防风都比较甜润，因此茶的味道也是润润的，喝进口中，感觉身体也被滋润得很舒服。

古人的霜降，是这样过的

霜降，对古人来说，是一场美景。不管是树木还是花朵，当它们表面凝结出一层白霜时，世间万物都变得清逸出尘了。

吃柿子

在南方，很多地方都有霜降吃柿子的习俗。这时候的柿子皮薄、肉多，味道也会更鲜美，《随息居饮食谱》里说："鲜柿甘寒。养肺胃之阴,宜于火燥津枯之体。"深秋燥气重,整个人会变得很干燥,喉咙干痒,此时吃点柿子就不错。但柿子性凉,每天不要吃太多,一两个就可以了。

霜降吃柿子

赏芙蓉花

霜降时节，百花都已经凋谢了，唯独芙蓉花傲然挺立在枝头。古人称它为"拒霜花"，它就像一位高洁的文人，一身正气，凌霜不惧。芙蓉花入肺经，有清热解毒的功效，对于肺火重、时常咳嗽的人尤其有用。

热水泡脚

《遵生八笺》曰："八月望后少寒，即用微火暖足，勿令下冷。"

霜降之后，地气越发寒冷，这时就不适合穿过于单薄的鞋子了。每天晚上睡觉时，可以用热水泡泡脚。水的温度不要太高，40摄氏度左右就好。如果觉得自己寒气比较重，可以加一点艾草，有助于加速血液循环，驱除寒冷。

霜降之后，冬天就真的快来了，寒气逐渐占据主导位置。这时候，不管是喝一碗热羹，还是早早穿上厚衣，都是对这个时节最好的回应，也是对身体的一种细心呵护。

《说文解字》里说:"冬,四时尽也。"冬天的到来,意味着一年四季就要接近尾声了。

身在城市中,也许你对大自然的感知不算明显,但若是走到郊外,就会发现很多地方的草木已经彻底凋零,虫子和动物缩进巢穴睡起了懒觉,万物都开始封藏起来,进入了休眠阶段。

很喜欢白居易的一首诗:"绿蚁新醅酒,红泥小火炉。晚来天欲雪,能饮一杯无?"冬天虽有严寒,却也有暖炉,真是适合"猫冬"的好时候呢。

这三个月,不要给自己太多情绪负担,不妨老老实实地待在家里,穿着暖和的衣物、盖着柔软的被子,吃各种柔软可口的食物。整个屋子充满着温暖的气息,焦躁的心也能变得平和。

立冬

立冬，是冬天的开始。从这天起，秋日的丰收已经结束，萧瑟寒冷的日子就要来了。很多地方已是满目苍凉，天地间弥漫着一种沉寂的美，展现出一种独属于冬天的风骨。

古人说，"冬"有终了的意思。然而在我看来，它并不是结束。此时显出的孤寂只是在静默地蓄积能量，等到来年春天阳气生发时，再释放满满的活力。这就是"冬藏"的力量，藏的是万物运行的根基与生长的动力。

立冬

明·王稚登

秋风吹尽旧庭柯，黄叶丹枫客里过。

一点禅灯半轮月，今宵寒较昨宵多。

立冬

总有一片温暖，是冬天带不走的

立冬，要开始藏精了

立冬一到，"藏精"就成了整个冬天最重要的养生原则。冬日里，不管是进补还是防寒保暖，都是在为藏精做准备。

《黄帝内经》里说："冬不藏精，春必病温。"意思是说，如果冬天没有很好地藏精，春天就会犯"温病"。我仔细观察过，那些入冬之后就早早地做好保暖措施，固藏好精气的女孩，在春天是很少感冒的。那些出于爱美，冬天穿得单薄的女孩，则容易被流感侵袭。

那么，"精"到底是什么？

"精"有精华、精气的意思，它像种子一样，是生长的原动力。打一个比较形象的比喻，"精"就好比身体里的电池。当身体需要长高、长大时，它就会放出电力，充盈五脏六腑，为身体提供源源不断的能量。

"精"最初是从父母那里继承来的，之后可以通过运化食物以及呼吸空气中的清新空气进行补充，是一种随时随地都需要注意查漏补缺的能量。"精"每时每刻都在为身体的基础运作，比如说行走坐卧、思考、消化食物等提供能源。但现代人由于工作压力大、思虑多、情绪波动频繁，身体大多是超负荷运行的，时间长了，对"精"的消耗就会格外大。

精气不足，会怎么样呢？

精气不够的人，身体可供使用的原料不够，整个人看上去就像"垮"的，容易出现各种身体不适：

● 看上去永远比实际年龄大一点。容易出现黑眼圈，皮肤比较粗糙，没有什么光泽，有的女性还会长色斑，早早就生了皱纹。

● 记忆力下降，容易耳鸣。在中医看来，精气为髓之源，而头是髓之海，头脑想要正常运作，需要精气生出源源不断的髓来。

● 打不起精神，站着经常会觉得累，老是想坐下。

● 毛发缺少精气濡养，容易掉发。

古人常说的"精充九窍，养百骸"，就是在提醒大家——只有藏好了精，才能保持全身活力。

而养精主要依靠补肾。《黄帝内经》里说"肾者，主蛰，封藏之本，精之处也"，就像小动物为自己准备冬天的储备粮一样，肾脏会在冬天里努力为身体储备"精"。所以肾气与冬相应，整个冬天的养生都是以补肾为主。

吃一口糖渍板栗，补肾藏精

补肾的食物有很多，比如说各种滋补的膏方，还有羊肉汤等，但立冬时，秋日的燥气还未全消，我并不建议大家立刻吃这些大补或温补的食物。

有一种不起眼的小果子很适合这时候吃，那就是板栗。它被药王孙思邈认证为"肾之果"，如果要列一个冬日必备补肾食材清单，板栗一定名列前三。

古人有个说法，叫"冬食种子"。冬天时阳气闭藏，植物们纷纷把能量储存进种子里，以待来年的生长，所以种子是植物最具有活力和营养的部分。

板栗很特别，它既是种子又是果实，体内有秋天收敛的力量，入肾经后，只补不泄，相当于给肾脏添加了双重保险。

很多人到了冬天会手脚冰凉，早上起床时会小腿肿胀、腰酸背痛等，这都是冬藏不够、肾气虚的表现。在古人看来，每天嚼几颗生栗子，慢慢咽下，是非常养肾气的吃法。

板栗的吃法有很多，但在初冬时，我会更推荐糖渍栗子。除了能补肾气外，它有一些滋阴的作用，还可以帮忙应付秋天还未完全散去的燥气。

　　糖渍栗子里的白砂糖很重要，不但能够让板栗的味道更加香甜，还能生津止渴、滋润喉咙和身体的其他部位。

　　我自己做的时候，糖放得比较少，但如果想要保存久一点，可以多放点糖，把汤汁熬制黏稠后，再放入罐子里保存。

　　此外，在起锅的时候，还可以加一点酒酿在里面。酒酿有活络气血的功效，能够帮助身体保暖，还可以让糖渍板栗更加软糯。

　　糖渍栗子性味很平和，不管男女老少都可以吃。但需要注意的是，栗子吃多了容易胀气，因此一天的食用量不宜超过 10 颗。另外，如果孕妇想要吃糖渍板栗，需要把酒酿去掉。

冬

糖渍板栗

去壳板栗 .... 250 克

白砂糖 .... 70 克

小苏打 .... 适量

酒酿 .... 适量

做法

01 水烧开，放入板栗煮 5 分钟。倒温水，加入小苏打，水和小苏打比的例大概是 32 ：1（800 克的水用 25 克的小苏打），将板栗浸泡 2 个小时，去除涩味。

02 烧开水，加 5 克小苏打，将泡好的板栗放入炖煮 15 分钟。之后捞出，用清水冲洗，直到水的颜色不再浑浊。

03 再烧锅开水，煮沸后加入白砂糖，将冲洗好的板栗炖煮 10 分钟，加入酒酿，煮 2~3 分钟即可出锅。喜欢甜口的话，还可以滴一点蜂蜜。

　　小贴士：如果你买的是带壳的板栗，可以从板栗尖上切出小口，往下剥壳。但这样费时费力，大家可以直接去市场买剥好壳的板栗。

糖渍栗子很好吃，但不能贪食

糖渍栗子味道甜丝丝的，但不会特别齁，因为混杂着米酒的香气，整个味道都比较清爽，咬一口，就好像蛋糕一样软糯可口。

古人的立冬，是这样过的

在冬天收藏精气，除了饮食，生活上的小细节也需要注意。在生活方面，我有一个十分重要的总原则：不做出汗多的事情，把情志藏起来，随时注意保暖。

晒太阳补充阳气

古人有"负日之暄"的做法，指的就是在冬晴时晒太阳，以补充全身阳气，驱寒保暖。

立冬的时候很适合给身体做个太阳灸。这是一种能够充分补充阳气、温阳驱寒的日晒法。在日常生活中，我们可以做个简易版的太阳灸，即在中午12点左右到阳光下将头稍稍低下，晒一晒后颈的风池穴和头顶的百会穴，10~15分钟就好。

百会

风池

正午时分，让日光晒一晒风池穴和百会穴，可以补充阳气

渐渐加厚衣服

《摄生消息论》曰："寝卧之时，稍宜虚歇，宜寒极方加棉衣，以渐加厚，不得一顿便多，惟无汗即已。"

立冬之后，温度变化会比较快，但不宜一下子添太多厚的衣服。因为人体感受到热后很容易冒汗，相应地就会损耗阳气。所以在入冬后只要保持身体不冷就好，入冬后有暖气的北方朋友要随时注意这一点。

睡觉伸开腿脚

《金匮要略》曰："冬夜伸足卧，则一身俱暖。"

不少人在冬天睡觉的时候喜欢把身体蜷缩起来，认为这样可以睡得暖和、安稳。但实际上，这种睡姿会使全身气血不流通，反而更容易让人感到寒冷。因此，在冬日睡觉时可以将双腿伸直，这样身体也会很快暖和起来。

立冬了，二十四个节气又快要转满一个圈。不论这一年发生了什么事情，都可以在冬天的时候慢慢消化掉，等到春天来临，一切又会重新开始。

小雪

小雪，是寒气凝聚的节气。《群芳谱》里说："小雪气寒而将雪矣，地寒未甚而雪未大也。"虽寒气凝聚，却因为带着个"小"字，多了几分柔软，像冬日的序幕，更像是寒风前的预告。

它大概是整个冬天最诗情画意的节气了。北方或许已经下起了小雪，若是能在这样可爱的日子里，给自己煨一碗热汤，准备好围巾、手套，就算窗外清冷，也抵挡不住内心里属于冬季的小温暖。

小雪日戏题绝句

唐·张登

甲子徒推小雪天，刺桐犹绿槿花然。

融和长养无时歇，却是炎洲雨露偏。

小雪

把自己的爱意
交给温柔的飞雪

小雪，为自己清清寒湿

小雪开始，就要提醒大家注意给自己清清寒湿了，这是在冬季进补前一定要做的事情。

古人说："天地积阴，温则为雨，寒则为雪。"雪花的降落，意味着将往更深的寒冷渡去。这时候，如果没有做好保暖，外界的寒湿之气很容易通过肌肤表层侵入五脏六腑。

另一种情况是，阳气比较弱的人，体内本来就有寒湿之气，受到外界环境的牵引，会进一步加重寒湿，体现在身体的不同部位上，分为上焦寒湿、中焦寒湿和下焦寒湿。

而针对寒湿的调理方式整体上要以温阳为主。温阳分为两个步骤——先温通，再温补。

温通的意思是让阳气能正常流通，所以要先利湿，再补充阳气。就好像面对一条满是淤泥、无法流动的小河，一定要先把河里的垃圾、污泥给清理干净了，接着再开水库闸门，让干净清澈的水流进去。

温补过程中，别忘了还要为自己健脾，这样才能从源头上杜绝淤泥和垃圾的产生，让身体真正恢复干净、轻盈的状态。

温暖的节日氛围

暖煦茶，祛除三焦寒湿

湿和寒都是阴邪，想要化掉它们，我会推荐这款暖暖的小茶方——暖煦茶。

它是用木瓜、陈皮、西洋参、干姜、甘草一起搭配而成的，喝起来暖意十足。就像是在身体里升起了一轮小太阳，把各个湿冷的角落都烤得暖烘烘的。

对于湿重的人来说，早晨刚起床是一天中最疲乏的时候。清晨起床后，把茶包放在透明的小茶壶里煮 3~5 分钟，软白的水汽携带着暖暖的姜味儿飘散在空气中，早起的倦怠与迟缓慢慢也被融化。

木瓜和陈皮都是性温的，可以通过燥湿的方式来化解脾胃的寒湿。燥湿，就像是在体内升起一把火，让湿气在温暖的环境下慢慢蒸发出去，使身体内部一点点变得清透。

西洋参可以补气，而且是把五脏六腑的气都填满，因此自然也能帮助我们强健脾气。食物的运化靠的是脾气的传输作用，吃点西洋参给脾胃补点气，就像是给汽车加了汽油一样，脾胃慢慢地就能恢复运行的动力。

干姜是辛味食物的代表，可以温阳驱寒，而且极其擅长驱走脾胃的寒气。古人说"辛香四溢"，是说辛香的气味是往外散的，因此这种食物会有很强的行气、发散的作用，能有效驱散寒气。

甘草是药材里的和事佬，因为有解毒的作用，可以调和各个药材的性味。甘草有生甘草和炙甘草之分，炙甘草是经过蜜制的，味甘，补脾的效果更好，所以最好选择炙甘草。

暖煦茶

木瓜 .... 1 克

陈皮 .... 1 克

西洋参 .... 1 克

干姜 .... 1 克

炙甘草 .... 1 克

做法

(01) 将木瓜、陈皮、西洋参、干姜、炙甘草
用温水稍微冲洗一下，晾干。

(02) 将所有材料放入壶中，往壶里倒入适
量的纯净水，煮沸后关火，让材料的
药性充分析出。

煮好的暖煦茶，闻起来有一丝生姜的辛辣味，但喝起来辛辣味并不会特别明显，反而能够和其他药材很好地融合在一起，变成一种清淡的味道。一杯喝完，脾胃里暖暖的，特别舒服。

这款茶方可以全面照顾到三焦，祛除体内的湿气。如果身体某个部位的症状比较明显，还可以再搭配其他药材，对症下药。

若上焦症状明显，可以添加桂枝。桂枝辛甘而温，是肉桂树的嫩枝，它向上生长的能量很强。若中焦症状明显，可以添加白术。白术是燥湿的，其香味能够唤醒脾胃。若下焦症状明显，可以放茯苓。茯苓味道清淡，是"太阳渗利之品也"，能够把体内的湿气、废物转化为尿液排泄出去。

搓搓腰，让肾脏暖起来

对感觉小腹发凉、腰膝酸软的人来说，入冬之后搓搓腰是一个很好的办法。古人说"腰是肾之府"，搓腰能促进气血流通，激发阳气，让全身快速暖起来。

搓腰的手法很简单，经常久坐的人都很适合做。

第一步：搓腰前先把腰挺直，双腿分开，与肩同宽。然后慢慢放松身体，双手对搓，先让手掌暖起来。我比较习惯抹一点艾叶护手霜再搓，这样更容易生热。

第二步：手掌热起来后，就可以从上往下开始搓揉。从腰眼穴开始，一直搓揉到长强穴的位置，连续搓 36 次左右。搓揉的范围没有特别限制，尽可能地大一点。这样做不仅能护腰暖肾，还能起到按摩尾骨的作用。

第三步：搓揉的时候最好保持深呼吸，这样才能更好地激发阳气。

搓腰

我在冬天最喜欢用这套搓腰方法。平时工作累了或者感到冷了，我就会舒展一下身体，再搓搓腰。这样身体很快就会暖起来，全身都感觉非常舒服。

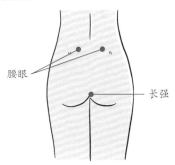

腰眼

长强

从腰眼穴开始，一直搓揉到长强穴的位置，连续搓 36 次左右

搓搓腰，很暖和

古人的小雪，是这样过的

面对冬天的寒冷，古人也有自己的保暖措施。不管是吃一点暖身食物，还是焚一支暖香，都是冬天独有的仪式感。

吃黍米

《饮膳正要》曰："冬气寒，宜食黍，以热性治其寒。"

黍即大黄米，它跟小米很像，但是颜色比小米更淡一些，颗粒更大一些。《备急千金要方》说它"益气和中，止泄利"，它的功效偏于补益，在冬日里能够很好地帮助身体祛除寒冷。

喝药酒

《千金月令》曰："冬三月宜服药酒一二杯，立春则止。终身常尔，百病不生。"

酒有"百药之长"之称，不管是什么功效的中药，都能借助酒精的力量发挥更好的作用。冬天天气寒冷时，古人会在每天上午喝一小盅酒，帮助身体生发阳气，抵御寒气。

焚暖香

《遵生八笺》曰:"云溪僧舍,冬月客至,焚暖香一炷,满室如春。故詹克爱诗云:'暖香炷罢春生室,始信壶中别有天'。"

香气是属阳的,而且阳气充足。冬日的时候,如果有人来做客,主人会先在屋内点燃一支暖香,不一会儿整个房间都变得暖烘烘的,那些肉眼看不见的积湿、积邪也在无形中被祛除得差不多了。

小雪,不只是严寒的开始,更是呵护自己的开始。借着这股透彻天地的寒气,不妨给身体装上一道温暖的门,然后安静地躲在后面,把自己交给这片天地间的温柔。

大雪

大雪，意为"积阴为雪，至此栗烈而大矣"。大雪这天，天地之间的阴气化为雪而随风纷飞。天气越来越冷，阴气也越来越重，一直到下一个节气——冬至，将达到阴气的巅峰。

怕冷的我早早就把门窗关得严严实实。凛冽的寒风声声叩窗，传递着大雪的讯息。然而紧闭门窗的屋内却盘旋弥漫着一股暖意——生起炉子，点一炷暖香，再热一壶清茶。冬天的寒冷把所有温暖美好的事物都聚集到了炉边，它们都被烤得微烫、微脆、微微好看。

江雪

唐·柳宗元

千山鸟飞绝，万径人踪灭。

孤舟蓑笠翁，独钓寒江雪。

大雪

你可以充满信心地
用雪来款待我

大雪，该开始大补了

入冬之后就念叨着进补的朋友，从现在开始，终于可以痛痛快快地大补身体啦！

从大雪到小寒的这一个月时间里，是一年中最适合大补的时节。这段时间厚雪封藏万物，阴气最盛，阳气归根。人和大自然一样，阳气也被敛藏在体内深处，默默濡养着五脏六腑。此时进补，脾胃在阳气的滋养下会变得更加强健，吃下去的食物也更容易被消化和吸收。古人将这个月称之为"畅月"，意即"充实之月"，特别适合给身体大补。

说到大补，有些人心里比较犹豫，担心身体吸收不了，害怕补过头。我自己的体质偏湿热，也比较排斥给身体过多进补。但对于进补这件事，了解清楚以下几个小原则就不用过多担心了。

●进补前先辨清自己的体质。一般来说，体内湿气重的人要先祛湿，让脾胃恢复正常运转后再进补。在进补时一次别吃太多，用循序渐进的方式，慢慢找到身体可以接受的量。

●不要过分追求用冬虫夏草、石斛等名贵药材进补。其实我们每天吃的食物里营养很丰富，需要用名贵药材进补的机会并不是很多，药食同源的食物或者性情温和的药材，更适合日常调理。

●进补是为身体偏虚的人准备的，身体不虚甚至有内热的人完全不需要进补。一旦补过了头，反倒会感觉身体不舒服。

●仲冬进补的次序，先是五脏同补，再是加强心、肾的进补。更具体地说：大雪节气是仲冬的前半月，进补的重点是补肾精；到了冬至节气，进入仲冬的后半月，进补的重点则是养心阳。

黄精桑葚膏，温和滋补肾气

补肾的膏方有很多，但是"性情平和，且人人都可以进补"的膏方却很难找。我查阅了很多古籍，才终于决定要做黄精桑葚膏。熬煮黄精桑葚膏所用的材料，几乎都是我们日常生活中最常见的食物，所以非常温和，孕妇也可以食用。

黄精桑葚膏原本是清代宫廷里的一味补肾滋阴膏方，所用的材料有黄精、桑葚干、芝麻、枸杞、黑豆、紫米、核桃、蜂蜜，吃起来没有一点儿药味。它的味道微甜，口感清爽，是能满足脾胃需要并使之感到舒适的膏方。要知道，膏方为补品，大多偏滋腻，所以"脾胃的运化"在吸收膏方时就特别重要。

黄精在这道膏方里是用来打底的，因为它的功效强大，性情温和，能与其他材料完美融合。它既可入药，又可入膳。《遵生八笺》里记载的"黄精饼"和"黄精酒"都是日常的小食小饮。

百日筑基

黄精分为生黄精和制黄精两种：生黄精补脾润肺，但刺激喉咙，一般不直接入药；制黄精在炮制过程中加入了经过熬制的黑豆汁，含有黑豆精华，在调理脾胃的基础上更偏重补肾滋阴。在古代，九制黄精也被当作辟谷食物来吃，它的补益作用很强，即使是脾胃虚弱的人也可以吸收。

桑葚干、芝麻、枸杞、黑豆、紫米和核桃等其他材料，都有补肾益精的作用。因为是日常食物，所以不会因滋腻生湿而阻碍中焦运化。

很多朋友入冬之后都会感觉膝盖凉凉的，其实只要坚持每天吃一些黄精桑葚膏，就会明显地感觉到膝盖不像往年冬天那么敏感了。

此外，黄精桑葚膏对于肝肾之气不足引起的一些小毛病，如便秘、失眠、减肥引起的阴虚血亏等，也都有很好的调理作用。

黄精桑葚膏

黄精 .... 250 克

桑葚干 .... 100 克

芝麻 .... 50 克

枸杞 .... 100 克

黑豆 .... 100 克

紫米 .... 100 克

核桃 .... 20 克

蜂蜜 .... 300 克

做法

01 将黑豆、紫米放入无油无水的锅里翻炒，炒熟后打磨成粉待用。

02 将黄精、桑葚干、枸杞放入锅内，加适量清水煮开后，转小火慢熬 3~5 个小时。待汁水熬浓之后加入蜂蜜继续熬，熬成糊状即可关火。熬煮过程中注意随时搅拌，以免粘锅。

03 用筛网过滤，保留细糯的膏体，这个步骤称为"清膏"。

04 将芝麻和核桃打磨成粉。由于芝麻和核桃所含的油脂很高，很容易黏成一团，所以打磨几分钟就必须用勺子搅拌一次。打磨成粉后，马上将之加入膏体里继续搅拌均匀。

05 放入黑豆粉和紫米粉搅拌均匀后，即可装瓶。

人人都可以进补的黄精桑葚膏

按摩穴位，健脾补肾

除了饮食之外，大雪到冬至期间，如果还想要借用外力帮助身体健脾、补肾的话，我建议可以搭配穴位按摩，调动身体本身的力量，让脾胃、肾脏更快地恢复运作。

中脘穴：健脾

中脘穴位于身体正中，肚脐向上 4 寸处，是人体任脉上的主要穴位之一。时常按摩中脘穴，有助于调理脾胃，对胃病、食欲不振等都很有效果。

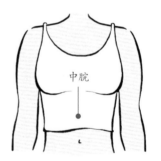

用左右旋转的手法按揉，
每次按揉大约 10 分钟

按摩的时候，可以躺在床上，右手按在中脘穴的位置，缓缓地往下施加力道，不一会儿就可以感受到一股酸胀感，之后便可以用左右旋转的手法按揉了，每次按揉大约10分钟。

命门穴：补肾

命门穴被称为"生命之门"，是我们身体督脉上的穴位，有温肾、充盈元气的作用。

按摩这个穴位的时候，用点揉的方式，可以更好地激发穴位本身的作用。方法很简单，把右手大拇指贴在穴位上，按顺时针方向按揉，直到命门穴微微发热为止。我一般是揉到六七分钟时，就会有热感。

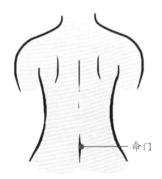

——命门

把右手大拇指贴在穴位上，
按顺时针方向按揉

冬

古人的大雪，是这样过的

大雪之后，寒意越来越浓，王维说"隔牖风惊竹，开门雪满山"，在雪花纷飞的日子里，古人也会有属于自己呵护身体的特别方法。

叩齿 36 下

《云笈七签》曰："冬月夜卧，叩齿三十六通，呼肾神名以安肾脏，晨起亦然。"

在古人看来，唾液为人体的五液之一，与肾相应，而叩齿能促进唾液分泌。吞咽唾液能起到充养肾精的作用，是一个很简单的补肾小方法。

酿春酒

《诗经》云："十月获稻，为此春酒，以介眉寿。"

古人一直有大雪时节酿酒的习俗。经过整个秋冬的忙碌后，农人终于收获谷物，他们会在冬日时酿酒，并把它称之为"春酒"。等到了明年春天时，可以借助酒的力量，为自己生发阳气。

饭后摩腹

《云笈七签》曰："冬夜漏长,不可多食硬物并湿软果饼。食讫,须行百步摩腹法,摇动令消,方睡。不尔,后成脚气。"

冬夜十分漫长,吃多了生硬的食物和湿软的果饼,会使脾胃不容易消化。常言道:饭后百步走,活到九十九。用餐过后建议散步,并在行走过程中用手按摩腹部帮助消化。如果不这样做的话,可能会增加得脚气的风险。

大雪时虽然有凛冽的寒风和恣肆的飞雪,但只要用心感受,就能发现大地的温暖与柔情其实正藏在它最深的地方,静静地等待着被春天的阳气唤醒。

冬至

冬至在二十四节气中测定得极早，在春秋时代就已经存在了。古人认为，从冬至开始，白昼一天比一天长，天地阳气逐渐上升，万物由此开始从衰败转为生长，是大吉之日。因此，冬至在古代是比除夕还重要的团圆节，全家人要在阴阳之交时聚在一起，吃一顿温补阳气的团圆饭。

现在，冬至的团圆意义已经不像除夕那样深入人心了。古人之所以看重冬至，大概是因为冬至代表着一种春将到来的希冀。尽管清晨出门感到天气依然寒冷，但心情已经隐隐充满着一种期待。大概是因为过了冬至这天，日照时间会越来越长，春天也在一天天地接近了。

冬至夜喜逢徐七

明·高启

君来同客馆，把酒夜相看。

动是经年别，能辞尽夕欢。

雪明窗促曙，阳复座销寒。

世路今如此，悬知后会难。

冬至

且候春归

冬至一阳生，一年中的关键节点

如果把一年看成一天，那么冬至就是一天的终点和起点，也就是 24 点，为子时。子时的阴气最强，冬至也同样如此。这一天太阳离北半球最远，阴气到了顶点，而阳气最弱。可是接下来，太阳就会慢慢向南回归，阳气也就一天天地随之增长了。因此，冬至这天是天地阴阳转化的关键节点。此时阴气最盛，阳气归零，是察病的好时机。

在其他季节，人体内的阳气尚且充盈，能帮助抵御病邪。但冬至当天，阳气最弱，是身体最敏感的时候。在冬至当晚，可以安静地躺在床上，好好感受一下全身各处的状态。如果感到身体哪里不舒服，往往就是哪里的阳气不足。

在冬至这段时间，有些人会感觉膝盖发冷、睡眠变差、容易拉肚子，甚至小腿肿胀，这些其实都是阳气虚的信号。

冬至的时候，古人会有自己的补阳办法：北方人会吃饺子，而南方人会喝羊肉汤。古时候有种说法是，所谓"饺子"就是"交子"，亦即"交子时一阳之生气"。羊肉性温能驱寒，可以滋补体内刚刚萌芽的阳气。但羊肉汤的补属于温补，除非你是适宜温补的虚寒性体质，否则很容易补过头而导致上火。虚寒性体质的人往往具备以下特征：

- 怕冷，喜欢温暖，冬天的时候爱开着暖气或者电热毯睡觉。

- 嘴唇和舌苔的颜色都偏白、偏淡。

- 平时总感觉很疲倦，反应比较慢，对很多东西都提不起兴趣。

冬至以后本该是一阳初生，但如果不区分体质而温补得太猛，就会导致阳气升得太快，这对身体来说，无异于火上浇油。因此，每年冬至我都会用日常的几味原料，做一种温补阳气的暖身糖——温阳糖。

温阳糖，每天可以吃的补阳零食

与羊肉汤相比，温阳糖可以每天都吃，这是一种循序渐进的补阳法。因为用日常的材料做成，所以比较温和。无论身处北方还是南方，都可以把它当成零食来食用，一步步达到温补阳气、驱寒暖身的效果。

温阳糖里用到的材料分别有核桃仁、嫩姜、黑芝麻、桂圆干、红枣和红糖，吃起来有果仁的甘甜和爽脆。红糖的甜与嫩姜的辣还会形成一种微妙的平衡，闻起来香气扑鼻。每天上午吃一小块，胃腹间就会有隐隐热力，使身体气顺舒畅。

你是不是也好奇，为什么它会有"温阳糖"这个名字呢？可以想象自己体内现在有一团火——火焰越高，阳气越盛，给身体提供的能量也就越多。温阳糖里的嫩姜、桂圆干和红糖都是性温的，它们能帮忙生火。与此同时，火焰的蹿升也需要充足的燃料。核桃仁和黑芝麻是补肾的，所含的油脂高，能让火焰燃烧得更旺。这个过程其实就是"温阳"。

温阳糖里有一定的生姜。冬吃姜与夏吃姜的功效是不同的：夏天的时候，身体毛孔张开，吃一点姜有助于寒湿的排出；冬至的时候，体内的阳气刚刚萌发，此时吃姜重在呵护初生的阳气，让正气充盈、寒湿不侵。

在挑选生姜的时候最好选择嫩姜，嫩姜辛味适中，发散作用较好，能够疏散经络中积滞的浊阴。相比老姜和干姜来说，嫩姜也更温和一些，不容易上火。

获取核桃仁是个体力活

温阳糖

核桃仁.................. 500 克

嫩姜 .... 500 克

黑芝麻.................. 250 克

桂圆干.................. 250 克

红枣 .... 25 克

红糖 .... 250 克

做法

01 将嫩姜洗净，用料理机榨成汁。随后用纱网将姜汁过滤一遍，取汁备用。注意不要给姜去皮。

02 炒锅内不放油，将核桃仁和黑芝麻分别用小火炒出香味后盛出备用。

03 锅中倒入过滤好的姜汁和打碎的红糖块，一起搅拌融化后，开小火慢慢熬煮，直到微微黏稠。

04 在熬煮姜汁的时间里，把桂圆干和红枣切碎后备用。

05 在熬好的姜汁中倒入核桃仁、桂圆干、红枣和黑芝麻，用小火翻炒，直到锅内的混合物摸起来不黏手，再盛出晾凉即可。

冬日的暖身小零食

　　刚做好的温阳糖软软糯糯，趁它还带着热气赶紧装入干净的器皿中。放凉了之后，用手轻轻一掰，放到嘴里慢慢嚼碎，可以在唇齿间形成跳跃般的美妙口感。

　　温阳糖可以在冬至到立春的这段时间食用，每天上午吃一小块温阳糖（10克左右），再借着上午那股阳气生发的劲儿，就可以为身体补充一天所需的气血活力了。

古人的冬至，是这样过的

冬至大如年。冬至在古代是大节，年关将至，人的心情似乎也平和了，日子可以慢慢地过，也适合做一些健康、有趣的事情，来度过冬天剩下的日子，静待春天的归来。

画《九九消寒图》

依照传统，从冬至起就要开始"数九"了，数着日子盼望春天的到来。"数九"以九天为一单元，数够九个九天时，地面上的阳气渐盛，便到了春暖花开的时候了。为了增添数九的趣味，古人还会画一幅《九九消寒图》，有画九朵九瓣梅花的，也有写九个笔画都是九画的字的。

画《九九消寒图》，且候春归

煮赤小豆粥

《岁时杂记》曰："至日，以赤小豆煮粥，合门食之，可免疫气。"

在古人来看，赤小豆是带有灵性的豆子，传说它能辟邪、驱鬼，而且治疗痢疾的效果极佳。一般在一些重大的节气中，他们都会煮一碗赤小豆粥来喝。在我看来，赤小豆能够利水消肿，解毒排脓，利水湿。古人在每个重大的节气里都会注意解除当下的湿热，所以才会经常出现这个方子。

服用补药

《千金月令》曰："是月可服补药，不可饵大热之药。"

冬至的时候，阳气开始在体内萌芽，养护着脾胃。此时可以适当吃一些补药，但不能吃过于温热的药物，以免阳气生发太快，提前外泄。

冬至过完，新的一年也就不远了。与其把这一年来所有的不愉快和小失落都带入新年，不如就在冬至这天把它们都放下吧！

小寒

贰拾叁

　　小寒，带了个可爱的"小"字，好像寒气也弱了几分。但"小寒胜大寒"，小寒往往比大寒还要冷，可以说是二十四节气中最冷的节气。南方的好多地方也都下起了小雪，凛冽刺骨的寒风一吹，的确是动真格地冷啦。

　　对我来说，最冷的小寒其实也是最温暖的。这种冰天雪地里最适合的，就是与三五个好友聚在一起，旁边有一方红泥小火炉，上面架着铁壶，我们一边谈笑，一边喝着热汤，彼此之间内心的暖意，早已超越了严寒。

寒夜

宋·杜耒

寒夜客来茶当酒，竹炉汤沸火初红。

寻常一样窗前月，才有梅花便不同。

小寒

所有的寒冷、艰辛
都是小小的

阴邪最盛之际，给身体修补漏洞

从小寒到大寒这半个月，是一年里最冷的时候。中医认为寒为阴邪，最寒冷的节气也是阴邪最盛的时候。

阴邪到了顶点，相比之下，阳气却还处于刚刚萌发的阶段，就好比一团微弱、娇嫩的小火苗，很容易受到"伤害"。一直要等到立春的时候，才能畅快地开始生发、长大。

所以小寒和大寒养护身体的大原则，就是重在对初生阳气的呵护，别让它被阴寒之气侵袭了。

阳气应该怎么呵护呢？之前讲到过补肾气、肾精，但补完了还要保证这个阳气、精气不会泄露出去，也就是给身体补"漏洞"，帮助封藏阳气。

就好像轮胎破了个小口子，就算里面有再多的气，要不了多久，轮胎也会变得干瘪。给身体补好"漏洞"，才能防止体内的阳气泄露，提前消耗。等到入春之后，阳气开始萌发，顺着这股气势，做一些能够帮助阳气长高长大的事情，就可以获得比平时更多的"补力"。

吃酥胡桃，引气归元

小寒时节，做一个古书中的小甜品——酥胡桃。它最早见于宋书《武林旧事》，是宫廷御宴才会有的小甜品，主要的用料是核桃、黑芝麻和白砂糖。我很喜欢用它搭配下午茶，香酥可口的核桃一入口，带来了甜丝丝的味道，也带给了我一整天的好心情。

核桃是冬天里一定要吃的食物，相比其他补肾的食物，它有引气归元的作用。张锡纯先生是这么说核桃的："为其补肾，故能固齿牙，乌须发，治虚劳喘嗽，气不归元，下焦虚寒，小便频数，女子崩带诸症。"

很多人可能不太容易理解引气归元，举个简单的例子，古人在做运动的时候，都会在最后做一个收势的动作，把分散到四肢的阳气拽回到肾脏的位置，这就是引气归元。核桃擅长补肾，而且性质温和，不管是大人还是小孩都适合吃一点。

黑芝麻，最大的特点其实是"润"。它偏向于滋阴，与核桃搭配在一起，刚好可以平衡一下，实现阴阳同补的功效。

除了黑芝麻，白砂糖也很重要，它能够生津止渴，缓解冬日里的干燥。而且炒过的白砂糖带着点焦香，焦入脾，就算是脾胃虚弱的人，也可以吃。

酥胡桃

材料

核桃 .... 200 克

黑芝麻 .... 适量

白砂糖 .... 100 克

盐 .... 适量

植物油 .... 少许

做法

01　剥核桃。可以用工具横着竖着都压一下，这样能更快剥开。剥好的核桃放进热水里，倒入少许盐，浸泡 3~5 分钟。

02　泡好的核桃沥干，放入锅中翻炒到有淡淡香味即可。

03　在锅里放一点植物油，油热后倒入白砂糖，中火把糖熬化，再小火慢慢搅拌到出现焦糖色为止。

04　把核桃和黑芝麻一起倒入锅中，搅拌均匀后就可以起锅了。

古书中的酥胡桃作为下午茶甜点再好不过

放凉后的酥胡桃，刚开始吃的时候，会感觉脆脆的，有一丝甜味。但咬下去后，核桃的淡淡涩香与糖丝融合在一起，不仅不会过于甜腻，而且还很爽口，一不注意就会吃下好几颗。

百日筑基

冬天闭藏阳气，可以做这些事

在中医看来，阳气分为先天、后天两个部分。先天是父母带来的，后天则需要人们在生活中通过各种方式慢慢补给。所以，很多时候，我会更注意生活中的小细节，除了常说的不熬夜，不过度运动、出大汗之外，还有两件冬天里可以做的事情。

调节屋内暖气

冬天天气冷，很多人待在办公室或者家里时，因为运动量少，难免会依赖暖气来抵御寒冷。但暖气的高温，在古人看来是违背了冬天"藏"的原则，它会让阳气该藏时不藏，反而浮在体表，导致不少人出现令人头疼的"暖气病"——老是干咳却没有痰，口渴但喝水却没什么用。

这时候，如果再加上室内室外来回走动，还很容易让浮在体表的阳气受伤，出现感冒的情况。在天冷的时候，暖气的确是抵御寒邪比较好的方法，但建议可以在方式上做一些调整，防止阳气外泄。

首先需要注意的就是温度，室内保持在22摄氏度到25摄氏度是最好的，这样身体不会太冷也不会太热。不过每个人体质不一样，对温度的感知也不相同。衡量温度的标准其实就是倾听自己身体的反应，只要不出大汗，不觉得胸闷、口干就可以了。

其次，要注意多补充水分。可以在屋子里放一个加湿器，它能帮助身体收敛阳气。因为汗水分为有形与无形两种，即使不出很明显的汗，人体也无时无刻不在耗散水分。汗属阴津，当人体内的阴津少了，就容易止不住阳气，阳气自然就会上浮。

艾灸关元穴

对于阳气没有固藏好的人来说，冬日里艾灸关元穴是个很好的方法。它也有引气归元的作用，因为关元穴本身就能够补益下焦，鼓动肾脏将阳气好好收藏起来。

特别是阳虚的人，本身体内阳气就少，要是没有固藏好，很容易就被天地间的阴寒所伤，变得手脚冰凉，怎么捂都捂不热。这时候艾灸一下关元穴就很管用，能明显感觉到有股寒气从小腹的位置往下窜，最后从涌泉穴的位置钻出去。

古人的小寒，是这样过的

小寒到了，蜡梅也已经悄悄绽放。在古人看来，这些清冷的香气仿佛能一下子打破严寒。于是古人也会做一些温暖自己的事情，在寒冷的空气中，嗅着淡淡的春意。

吃烤山芋

《遵生八笺》曰："雪夜偶宿禅林，从僧拥炉，旋摘山芋，煨剥入口，味较世中美甚，欣然一饱。"

这里的"山芋"指的是红薯。《随息居饮食谱》中记载："（红薯）煮食补脾胃，益气力，御风寒，益颜色。"天冷时吃一口红薯，香味浓郁，入口即化，让人在漫天卷地的寒冷和萧瑟中，感到无限的欣喜与满足。

多吃点儿"苦"

孙思邈云:"是月土旺,水气不行,宜减甘增苦,补心助肺,调理肾藏,勿冒霜雪,勿泄津液及汗。"

天寒下来后,人体内的气血受到寒气影响,就会有些凝滞。但小寒之后就是冬季最后一个月了,脾主四时之末,脾胃的消化能力增强,此时适当吃些苦味的东西来滋养心脏,可以防止肾水太过,克到心火。同时,也不要接触太多风雪,让阳气受到不必要的损耗。

到了小寒就是腊月了,腊月在《周易》中对应"临"卦,有"照临得平安"的意思。在这冬日最后的一个月,古人会在心里祈祷着来年的风调雨顺,盼望着过去一年的种种不愉快,能随着冰雪慢慢融化……

大寒

大寒，是冬天的终了。如同冬天的庄重谢幕，大寒携带着即将到来的春节，以热烈和喜庆收尾，成为一年中的最后一个节气。

大寒时节，窗外依然寒风凛冽，此时人们虽闲居在家，却没有了窝冬的闲适。每个人都开始着手收拾屋子、整理衣服，把家里的每一个角落都清扫干净。大寒时节，地冻人闲，但人们依旧有足够的精力和热情，将这个节气过得隆重、过得热闹。

和仲蒙夜坐

宋·文同

宿鸟惊飞断雁号，独凭幽几静尘劳。

风鸣北户霜威重，云压南山雪意高。

少睡始知茶效力，大寒须遣酒争豪。

砚冰已合灯花老，犹对群书拥敝袍。

大寒

它带着过年的热闹
款款而来
为全年画上了句号

大寒，可以正式为自己温补了

时间到了大寒，终于可以开始正式温补了。

眼下，北风呼呼，很多地方的温度都在冰点以下。阳气已经全部收藏到了五脏六腑，脾胃在阳气的滋养下，会变得更强健。

这段时间，脾胃对于喝的每一口水、吃的每一种食物，都会牢牢吸收，并化为"气血"，滋养身体。所以很多人会明显感觉到，最近胃口大开，新陈代谢变慢，出汗减少。就算平时脾胃不好的人，这会儿也不容易出现腹泻的情况——这些都是身体减少消耗、自我修复的表现。

选择在这个时候进补，滋补效果会比平日里强上很多。所以古人把这段时间称为"补冬"。

整整一个冬天过去了，我一直忍着没有把这道羊肉汤分享给大家。

大寒之所以叫大寒，是因为一年中的寒冷在这时到了顶点。因此，在大寒时节煲一锅暖暖的羊肉汤，就像在体内升起了一轮小太阳，手脚都会变得暖暖的，能让我们更好地迎接春天的到来。

为了让羊肉汤适合更多人食用，我调整了《金匮要略》里最经典的"当归生姜羊肉汤"的食方：

●羊肉要少放一些。羊肉能温补肝阳，滋补木中生气。但只用一点就好，以免过于燥热，导致上火。

●生姜要多放一些。生姜的温阳散寒之力，可以保护好体内初生的阳气。

●甘蔗一定要放。甘蔗能生津止渴，除胃热，和羊肉一起煲汤的话，即使是阴虚火旺的人也能吃。

●香菜最好也能放一些。香菜有醒脾的功效，可以提高脾的运化能力，增强人体的消化吸收功能。

甘蔗生姜羊肉汤，升起体内的小太阳

甘蔗生姜羊肉汤

羊肉 .... 500 克

生姜 .... 30 克

甘蔗 .... 2 节

当归 .... 20 克

葱花 .... 适量

香菜 .... 适量

盐 .... 适量

做法

01 将羊肉切块后用清水浸泡 30 分钟，洗去血水。煮一锅开水，把羊肉焯水后捞出。

02 将生姜、甘蔗、当归洗净和切片。

03 重新煮一锅开水，将羊肉、甘蔗、姜片和当归一起放入锅中煲 1~1.5 个小时。

04 出锅后加盐调味，撒上葱花和香菜即可。

冬日里的羊肉汤，让手脚变得暖暖的

　　刚出锅的羊肉汤香味喷薄，一定要先趁热喝一大碗。一碗热乎乎的羊肉汤下肚，只觉得从天灵盖到小腹的任督二脉都被打通了。连喝几碗，就会感觉全身百窍皆开，那股暖意直从脚底一直暖到心头，不自觉地就会在脸上露出一抹笑容。

泡脚，是冬日散寒的杀手锏

寒从脚起，在大寒这段时间里，体内有阴寒的人最容易感觉腿脚发冷，而身体上的一些重要穴位，如三阴交穴、涌泉穴等都集中在这里。因此，时常泡脚可以温通气血，驱散寒冷。不过，想要舒舒服服地泡脚也是有讲究的。

第一步：准备能够生发阳气的药材。泡脚的药材不用太复杂，厨房里的生姜和花椒都有温暖脾肾、驱散寒冷的功效。用它们煎煮出来的泡脚水，散寒功力更强，整个人热起来的速度也比单纯的温水更快。

第二步："煮"药材。泡脚，一般有两种方式，一种是煮，一种是直接用热水泡。如果有时间的话，我更建议用"煮"的方式。这和煎中药是类似的，药材在大火的持续催发下，可以更好地析出药性，能将药材功效发挥到最大。煮出来的水不管在颜色还是气味上，都比泡出来的更加均匀、浓厚。煮好之后可以再添一些冷水，水温不用太高，摸上去有一些烫手就好。

泡脚

第三步：开始享受泡脚。泡脚的时间不用太长，10~30分钟就可以，过程中身体可能会有些微微冒汗，这样阳气生发得刚刚好，不会过头。同时需要注意的是，小腿上的穴位是最多的，所以泡脚时最好能够照顾到小腿。如果没有那么深的泡脚桶，至少也要泡到三阴交穴的位置。

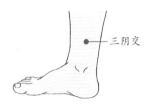

泡脚要泡到三阴交的位置

第四步：按摩一下涌泉穴。泡完脚后，可以按摩涌泉穴约100次。它是肾经首穴，平时按一按或者艾灸一下，都可以给身体补充满满的阳气。

舒舒服服地泡完一次脚后，全身都会变得很暖和。此时再钻进被窝，就能感到那股暖意从脚底一直蔓延到心头，睡得也就足够安稳了。

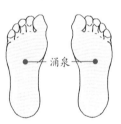

泡完脚按摩涌泉穴约100次

古人的大寒，是这样过的

大寒是冬天的最后一个节气，在这种季节交替的时期，人们尤其需要提前为新季节的到来做好准备。在冬天这最后的 15 天里，最好坚持早睡早起，既不吃得过饱，也不吃大辛大燥的食物，以干净轻盈的状态迎接春天的来临。除此以外，做下面这些事也可以帮助调节身心。

踏雪寻梅

大寒是出门赏梅花的最好时期。之所以将梅花排在群芳之上，是因为它最先让枯枝在冰天雪地中开花，打破了充斥在天壤间的荒寒，在人们空旷的视野中绽放出了暖艳的色彩。如果你在这段时间于街上偶遇推车卖蜡梅的人，千万别忘了买几支回去。一切芳香的气味都能疏肝理气，而在这寒冷的日子里，蜡梅香可以说是最好闻的气味了。

冬天来了，春天还会远吗

清理膀胱经

古人把膀胱经比喻成人体的藩篱，说它是抵御外界风寒的一个天然屏障。膀胱经内连五脏六腑，且主要分布在背部，背部皮薄无筋肉之阻，外邪极易趁此入体。在冬天即将结束的时候，及时清理膀胱经，能让它更好地排出体内的毒素。

清理膀胱经的方法不难，将双手十指交叉放在后颈部，以手掌根提捏颈肌，直至发热，接着再叩打身上的八髎穴（八髎在腰骶之间，具体部位相当于骶骨上的4对骶后孔，左右共8个）和委中穴即可。后颈、八髎穴和委中穴分别是我们身体的3个"机关"，它们串联着身体的整条经络，经常敲打能起到排毒的效果，比刮痧省事。

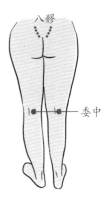

提捏颈肌，再叩打
八髎穴和委中穴

大寒的时候，天太冷了，会让人忍不住去眷恋那些温暖人心的东西——食物、被窝、热水袋，还有小动物那柔软的眼神和冬天的花香，都是这样的存在。在不知不觉中度过似水流年，静静品味流过四季的不同味道，这种赏心乐事实在美不胜收。

后记 和自然沟通

随着科技发展的日新月异，纸质日历逐渐被手机、电脑上的电子日历取代。日历上标注的那些古老节气，已经简化成了某年某月某日的提醒，其他的好似都不再重要，也不再美好了，我觉得这非常令人惋惜。

节气的测定和中国人原有的哲学观有很大的关系。中国哲学重在生命，最为推崇活泼泼的生命感。上古的人们将自己的身体和大自然都看作一个生命体，一个自行运转的小宇宙。这个小宇宙，就是天地大宇宙的缩影。古书里记载的日月更替、四时流转和二十四节气变迁，都努力将人的身体变化纳入宇宙变化的节奏中，强调身体与外在宇宙的深刻联系。

这种古老的观念深刻影响着中国的传统艺术和传统医学，蕴含着古人对那生动活泼的生命力的喜爱，这份生命力中潜藏着生动的气韵。董其昌说："气韵不可学，此生而知之，自然天授。"天然生动的气韵是难以通过后天的学习学到的，它其实是自然赐予人的一种天赋。

我不禁想起美国国家科学院院士肖恩·B·卡罗尔在他写作的《生命的法则》一书中提及：在非洲的塞伦盖蒂草原上，动物的数量是受到生态法则调节的。一旦生物的繁衍超出正常的范围后，生态法则就会自动运行，从而使生态系统恢复如常。

在西方，人们习惯称自然为生态系统，我觉得"系统"这个词用得特别到位。"系统"意味着大自然内在地拥有一种秩序，是一个万物共生的整体。当我们意识到自己生活在这个系统里，明白自己只是这个系统里的一环，就不会傲慢地把人类看得过"大"了。明白了这一点，我们要做的就是尊重自然的"内稳态"，努力顺应自然的法则了。

从这个角度来看，二十四节气对我们来说，其实就是一年中的二十四段信号，每段信号都在提醒我们注意调理自己的身体，努力与自然进行沟通。这本书的诞生也寄托着这样的希望，我希望大家都能在节气的变迁中敞开身心，跟着自然的节奏，让自然的一舒一卷、一往一来带动我们固本培元，焕发出独属于自己的活泼泼的生命力。

最后，我想感谢少点盐的全体同事和喜欢这本书的读者们，也感谢为这本书付出劳动的所有朋友们，没有你们，就没有这本书的诞生。